U0115720

# 弹性生存

王烁◎著

湖南文艺出版社
HUNAN LITERATURE AND ART PUBLISHING HOUSE

博集天卷
CS-BOOKY

# 寻找自由

你好，我是王烁。

又跟你见面了，这已经是第三年。

看过我前两本书的朋友，对我应该已经很了解。我再向新朋友介绍一下，我是财新传媒的总编辑，每年会用一本书30讲的方式，向你交付我在这一年间的认知收获。

一年一年过去，我越来越明白：每年的这本书不对应着某一个特定领域，不专门训练某一项特殊技能，它对应的是一个人实时的、全面的认知成长，侧重于补短板、消破绽。这个人就是我自己。

所谓实时的认知成长，指的是我读一年的书，当一年的总编辑，做一年的思考、判断、决策，年复一年，砥砺磨炼。

所谓全面的认知成长，是因为我的工作不容我受领域的局限，真实世界里的重要事件不是只在事先规划好的领域里发生的。家事国事天下事，事事关心。很幸运，这句话在我这里很贴切。

"布被秋宵梦觉，眼前万里江山。"冲击每天如期而至，最触动人的现实及与之最贴近的理论，在我眼前或激烈交战，或水乳交融。我寻找，比对，印证，思考，沉淀，用来指引自己，然后消消毒，放在这里。

何谓补短板、消破绽？我曾经在上一本书《多维思考》里介绍过爱德华·索普（Edward Thorp），那个既战胜赌场又战胜市场的人。他为什么既能又能呢？有条关键的经验，就是要始终保持理性。不是只在某个科学领域里保持理性，而是在与世界打交道的所有方面都保持理性。通俗地说就是没有短板，不是那种在一个领域是天才，却在另一个领域是傻子的人。

这经验对你我也成立。你我能有多大的成就，固然主要取决于你我的长处有多卓越；但事实上，你我能否充分发挥出自己的长处，则主要取决于你我的短板有没有补上。补足短板，方能尽展所长；没有破绽，才是人生进阶的正途。因此，希望这本书能帮到你。

本书分为财略、人间世、社会动力学、博弈论、统计思维、权谋六大模块。具体讲哪些内容，你自己去看目录。这里从另外的角度讲讲我关心的三个层次：

第一层，我会讲解一些好的思维、判断和决策模块。

思维总归是要模块化的。认知的成长，首先就意味着我们要将无限发散的可能，在现实的刺激和理论的指引下，转化为可引用、可复制、可执行的快捷方式。

第二层，我会提醒你，掌握好模块只是第一步，接下来是调用的问题，就是什么情况下应调用哪个模块。

打个比方，我近来故意把智能手机和得到阅读器放在一起，然后有意识地在大脑中置入一个简单得不能再简单的模块：但凡我想刷手机杀时间的时候，手伸过去拿手机，那么就转而拿起得到阅读器。这肯定是个好模块，但当然不是普遍适用的：如果我伸手拿手机是想打火警电话119呢？

这听起来像是笑话，但本质上不是笑话，同样的例子可以无穷无尽地举出来：忠诚是个好模块，但错误调用就成了盲从；同志情谊是个好模块，但错误调用就成了狼狈为奸；互相帮助是个好模块，但错误调用就成了幕后交易……现实中，那些操纵人心的种种套路，往往是用一些似是而非的信号来激发人们对好模块做出错误调用的。

第三层，哪怕是掌握了许多好模块，又洞悉其调用机制，你我虽不至于轻易被他人操纵，但这仍然不是全部，还剩下一个更关键的问题：怎样免于被命运操纵？我把这叫作自由。

卢梭说："人生来自由，却无往不在枷锁之中。"他给出的解决方案是：人服从自己制定的律法，即是自由。

孔夫子从另一个方向给出的回答与此相似："从心所欲，不逾矩。"虽然你我不可能获得完全的自由，但如果能洞察不自由的真相，仍能自主创造，并自主选择接受哪种不自由，那就算获得了自由。这里的关键词是"自主"——自主创造，自主选择。

你、我、他，我们每个人的自由都是个三元方程，由感性、理性与教养三个因子塑造。我们无法没有感性，不能缺少理性，又成长于家庭、社会的教养之中。

一个个看过去，感性靠不住，它往往驱使我们在激情之下做出后悔终生的事情；理性也靠不住，它往往使我们过于冷静、算计，甚至选择"猥琐"，把自己也把他人锁定在陷阱之中；同样，教养也靠不住，它将特定观念注入我们的灵魂，将特定行为塑造成我们的肌肉反应，然后却让我们忘记这些观念和行为本来是为了什么。

感性、理性、教养，没有哪个是单独靠得住的。在感性、理性、教养组成的三元方程中，每个人都必须使用自己的参数，惟精惟一，步步惊心，寻找属于自己的自由。

接下来的内容就是我在过去一年认知进阶的凝聚和记录。我在我认为最迫切的地方补短板、消破绽，欢迎你加入，同路，见证，进步。

# 财略

# 人间世

# 社会动力学

# 博弈论

# 统计思维

# 权谋

财略

# 投资六忌

第一讲，我要跟你说说中国人在投资上容易犯的几大错误，看你占了几条。

有一天，朋友告诉我，一家人工作多年，有房有车之余，还有些积蓄。但积蓄给他们带来的不是轻松，而是焦灼。

放银行？等于补贴了那些富豪，被劫的贫，被济的富，真没天理。

放股市？炒股这事，群众不会啊。夸张点说，中国的股市搞了30多年，造就了中国大地上唯一一个风险自负的群体，这对造就合理有效的金融市场是好事，但群众觉得炒股连刚性兑付都没有，风险太大，pass（排除）。

放P2P（互联网金融点对点借贷平台）？别说了。银保监会主席曾经提出过一条简易的风险分辨方法：理财产品的收益率超过6%，就比较危险，超过10%，肯定是骗人的。还有比银保监会主席更权威的吗？但你真要按这个方法来，那就是刻舟求剑了。骗局是动态的，你觉得 6% 的收益率比较安全，骗子就给你下调到 6%，连高息放饵都省了。前几年遍地放 P2P，这几年遍地抓 P2P，不收拾局面是不行了。

有点积蓄本来是好事，却变得有了浓浓的"鱼肉感"——"人为刀俎，我为鱼肉"的"鱼肉"。

我跟朋友说，世事无绝对。庄子说，"六合之外，圣人存而不论"。说不清的事就不说，但在说得清的范围内，还是有一套靠谱的框架能讲明白投资这件事的。这个框架讲的不是你要做什么——你要做什么，我会在下一讲"投资需要知道的所有事"里讲——这个框架讲的是你不要做什么。

讲明白不难，难的是听的人听了以后得真信。讲明白只要 15 分钟，真心信服却往往要在别的地方交了许多学费和智商税以后才行，人是不见棺材不掉泪的。这"明知不可为而为之"的事，我今天再做一回，希望你听了以后能少交学费。

第一，认识你自己，不要以为自己是特殊的。

你是谁？你是个普通人。至少在投资这件事上，你是个普通人。不光是你，绝大多数人都是普通人。

你在这个问题上的态度往往是自相矛盾的。一方面，既然你焦灼、不知所措，你当然是个普通人；另一方面，你隐隐约约觉得自己不至于那么普通，要么觉得自己运气好，要么觉得自己学得快，要么觉得自己认识些大人物，要么觉得别人比你还傻。总之，你觉得自己应该超过了平均水平。

可是巧了，所有人都认为，在所有事情上，自己都超过了平均水平，在投资这事上也不例外。而这就是你要避免犯的第一个错误，要放弃幻想，接受自己是普通人这个事实。

第二，对普通人来说，投资不是为了进攻，而是为了防守。

对普通人来说，学习一种技能，打磨一个长处，找到一份工作，自食其力，这样做的成功率约为95%。这个数字是怎么来的呢？中国社会的失业率也就5%左右。此外，炒股为生的成功率肯定不到1%。这就是普通人面对的基础概率。你愿意站到95%那一边，还是1%那一边？

之所以有那么多人对投资抱有过高的期待，是因为他们希望投资能改变命运。这是一种根本性的幻觉。指望用投资改变自己命运的人，99%是帮别人改变了命运。

你要想改变命运，其实有条大路更好走——提升你的技能，进一步发挥你的长处，把工作做得比你的同事更好，获得一份更好的工作，然后寻找一个更高的目标。这条路的成功率没有95%那么高，但10%还是有的，如果你总能在十个人中脱颖而出，爬到塔尖并不需要多少级台阶。

投资不能帮你进攻，但能帮你防守。在你的人生周期当中，收入大体上是先少后多再少，与你的需求不完全匹配。

收入高的时候有积蓄，用于收入少时的消费。防守的意思就是为你的积蓄保值，让它免受通货膨胀的侵蚀，使它在你需要动用它的时候，仍然具有与你获得它时同样的购买力。普通人最应该端正的对投资的态度，就是换成防守心态，底线目标设定为战胜长期通胀水平。

如果你接受不了，想的还是逆天改命，认为我刚才说的正路太长太远，那赌客在拉斯维加斯赌场的胜率，比你在股市里逆天改命的胜率要高。而且，赌场至少打的是明牌，庄家占了你多大便宜，明明白白。

重要的事情再强调一次：逆天改命的最好办法就是提升技能，发挥长处，把工作做得更好，步步攀上更高的目标。

这条路不疾而速，说它最好，只是说它对普通人来说相对最宽，爬上去的概率最高，但并不意味着它就是条康庄大道。改命的人总是少数，社会金字塔的存在注定了这一点。但你不要因为它看上去慢或机会不够大，就看不到其他的路更险更窄。

这场防守战不是一时一地能打完的，将在你成年以后的一生中持续。你的积蓄不论是多是少，始终被群狼环伺，骗子盯着，庄家盯着，富豪也盯着，不要以为他们的钱比你多就不会盯着你，要不然他们的钱是从哪儿来的？

好在，只要你不跟那些狼抢肉——因为他们抢的就是你的肉——只要你躲开他们，设定一个与自己的人生相匹配的投资周期，选择恰当的多元化策略，你就能战胜通胀，保住自己一生的劳动果实。具体内容我在下一节会讲。

此外，中国人资产组合的多元化严重不足，还有诸多问题。

第一，过度配置在房子上面。

掏光上下三代人六个钱包，出得起首付就叫"买得起房"，房贷的事慢慢再说。本质上是寄希望于房价永远会涨，而这希望肯定有一天会破灭。

第二，跨区域多元化不足。

一个合理的组合，必须要有点境外资产。这不是说要你去国外买房，有能力这样做的人毕竟是极少数，而是说中国金融市场急需进一步开放，不仅要把海外资金引入中国资本市场，还要把全球领先、超低费率、极广覆盖的良心基金管理公司引入中国，为中国人组合资产的合理化安排一个去处。我估计这事一时半会儿仍然不会发生，但它确实是中国人民急需的。

第三，过度投资于子女教育。

这一行为在一定程度上是受投资焦虑驱动的。钱没有安全妥当的去处，那就花在孩子身上吧。在很大程度上，这是由军备竞赛逻辑驱动的。别人在孩子身上花了多少钱，你不花这么多的话，孩子就输在起跑线上了，而终点的好位置就那么几个。

作为两个孩子的父亲，我也在这场军备竞赛之中，感同身受，理智与感情相交织。别的也不多说了，就从资产组合的角度来讲，它也已经过度超配了。各位家长，为了人生资产组合的健康，我们都往回调调吧。大家一起往回调调，日子都能好过一点。

第四，几乎没有灾难准备。

前面讲过，世事无绝对。你诚实劳动，合理投资，有95%的概率你能保住劳动果实，安度自食其力的一生；如果你是那优秀的10%，还能攀上人生阶梯的更高处。但仍然有那么一些可能，大潮袭来，席卷一切。这时候，没有什么投资组合能帮你保住劳动果实。历史一再告诉我们，现实是个王八蛋，说翻脸就翻脸，以万物为刍狗。谁也拿它没办法。这时候，你需要的就是灾难准备。

关于灾难准备，有这么几个要点：你不能完全不做灾难准备，因为灾难一旦发生，有无准备是生与死的差别；你必须在天气晴朗的时候就开始做准备，因为灾难来临时再动手就已经晚了；你也不能过度准备，因为灾难到来的概率毕竟极为微小；你也别靠金融工具特别是金融衍生品做灾难准备，因为真正需要动用灾难准备时，支撑金融衍生品的那个体系可能已经摇摇欲坠。

做任何灾难准备，不仅要预判系统风险，还要防范交易对手风险。你准备了，但你的交易对手没准备，灾难来了，你的交易对手完蛋了，你所做的准备也跟它一起烟消云散。比如，你买了保险，当灾难来临时，保险公司却不在了。

灾难准备跟投资有关，但不是投资，尽管它有时也会运用一些有投资属性的工具，比如黄金。人类历史上，每当灾难降临，黄金相对一切资产升值，而食物相对黄金升值。其实，今天不少人的投资组合中也有黄金，但他们仍然将黄金当作一种投资品而不是灾难准备。两者有一个关键的差别：投资品以收益为目的，灾难准备不以收益为目的，而是为了灾难万一来临——即使大萧条重现，甚至战争来临，所有投资组合全部失效，你还有点救命的安排。到目前为止，人类普遍认可的灾难准备就是黄金。

这一讲，我讲了中国人在投资上普遍存在的几大问题：

第一，以为自己不是普通人；

第二，想用投资逆天改命；

第三，过度集中于房子；

第四，没有基本的海外配置；

第五，过度投资于后代；

第六，几乎没有灾难准备。

你占了几条呢?

这一讲，我推荐你去读读《二战股市风云录》（*Wealth, War & Wisdom*），作者是巴顿·比格斯（Barton Biggs），曾经是摩根士丹利的首席战略官，也是华尔街公认的智者。

# 投资需要知道的所有事

这一节我要讲的是，关于投资你所需要知道的所有事。

先说三个前提：

第一个前提是，你投资用的是自己的钱而不是替别人管的钱。替别人管钱那是完全不同的激励和约束。况且，如果你已经替别人管上钱了，也轮不到我来教你什么。

第二个前提是，你得有靠它挣钱的一技之长，而不是靠投资收益过日子。投资是用来保护你用一技之长挣来的收入不受通胀侵蚀的，而不是替代你的一技之长的。

第三个前提是，你的投资范围需要非常宽泛，我这里只以股市投资为例来讲原理。

说完前提我们现在开始正题。

经常有人把投资股市跟打德州扑克类比。这个类比有一半是正确的。德扑桌子上是零和游戏，赢家卷走输家的钱。股市也有同样的一面，但它还有另一面，市场指数从长期看是上涨的，对应着经济增长和企业整体赢利的上升。虽然大鱼总在吃小鱼，但总体而言，水大鱼大。就好比只要坐上桌子，就有人给所有玩家发钱，比德扑只有弱肉强食、你死我活要好太多。

如果你不是以娱乐而是以赢钱为目的，可不能轻易坐到德扑桌前，你必须知道对手是谁，比你强还是比你弱。强者总是卷走弱者的钱，几无例外。

但股市这张桌子你一定得坐过去，不坐过去就会错过市场给所有玩家发的钱。这个钱你说不想拿也是不行的，因为只要是大家都能拿到的钱，你不拿，就白白掉队了。无谓的失误，白白的损失，是世界上最大的损失。

但是，常言道，股市"七亏二平一赚"，也是铁一般的事实。我查到一份某次大牛市期间某证券公司营业部客户的盈亏统计，发现牛市也不例外。

为什么放到桌子上人人有份的钱，偏偏就是你拿不到？

因为你输给了波动。

放到桌子上人人有份的钱，是股市指数长期的平均收益，而波动是每年、每月、每星期、每天、每小时、每分钟、每秒钟的上上下下。如果涨了你就追，跌了你就抛，追涨杀跌，很快你就被大鱼吃掉了。

要拿到桌子上属于你的钱，首先你要坐得住。

本来你应该是全市场最坐得住的人。时间是基金经理的敌人，却是你的朋友。时间站在你这边，它是你最大的优势，也是普通人唯一的优势。

耶鲁大学校产基金管理人大卫·斯文森（David Swensen）曾经跟我讲，现在，金融市场的竞争太过激烈，只有具备两个条件的投资者才有资格去追求超额收益：第一是研究得特别深透，第二是投资的周期特别长。

专业投资者研究得深透是本分，但投资周期长这一点对绝大多数投资者来说实在是做不到。专业投资者管理别人的钱，业绩评价以季度为单位，甚至以月度为单位，他们是不可能坐得住的，永远都不可能。

斯文森是传奇人物，他一洗传统校产基金的保守投资风格，大举投入长周期、低流动性的资产大类，多年来为耶鲁校产基金获得远高于标准普尔 500 指数的收益率。到今天，耶鲁大学每年的预算，有一半来自基金的分红支持。

斯文森没有把成功归结到自己的天才眼光上，而是归结为一条——时间。耶鲁大学是个永续机构，校产基金的投资周期与耶鲁的需求相匹配，其投资周期在市场上是最长的那一类。研究得透、坐得住，他就能拿走市场放到桌子上的钱，还能把那些坐不住的玩家的钱也拿走。前者叫作"贝塔"，就是市场给你的钱，后者叫作"阿尔法"，就是你赢对手的钱。

作为普通人，阿尔法你就别想了，你的研究不行，不可能行。你以为自己行，那是因为你不知道别人有多行。这场军备竞赛中，跟专业投资机构相比，你没有行的可能。你的优势就在于时间，在于你天生更坐得住。

正如校产基金的投资周期与耶鲁大学的生命周期相匹配，你的投资周期要与你的生命周期相匹配。耶鲁的生命周期是永续的，这个你虽然比不了，但你的生命周期比几乎所有其他专业机构的都要长。没有谁来评估你的业绩，低于基准利率就把钱抽走。沃伦·巴菲特（Warren Buffett）说得好，基准又不能当饭吃。

巴菲特围绕着"能坐得住"这一点，定制了一整套投资策略：

第一，投资要用长钱，待得住的钱。

有人将此简化为"不要借钱，不要上杠杆"，其实不完全一样。因为巴菲特也用杠杆，但你用杠杆跟他用杠杆的性质不一样。你用杠杆是真借钱，他用杠杆是利用保险公司天然放杠杆的机制。

总之，他用杠杆是用长钱，你用杠杆是用短钱。他把自己的基金做成了上市公司，把份额持有人转换成了股东，还增加了时间保障。基金的份额持有人可以把钱抽走，但股东不行。你没有这些条件，只要记住原理就好：用长钱。

第二，投资那些时间越长，对其价值增长越有利的股票，即所谓的价值投资。

这里我不想介绍价值投资。它需要太多的研究，而你没有强过别人的研究能力。巴菲特说，要把所有的鸡蛋放到一个篮子里，然后好好看住。话是这么说，巴菲特自己也经常看错，只是他看错了承受得起，你看错了承受不起。所以我们在这里打住。

巴菲特的策略，你学学原理就好，具体方法不太适合作为普通人的你。

还是回过头来说说你，股价上上下下，为什么你最有坐得住的条件，却总是坐不住？

因为，你判断不了股价上上下下发出的是信号还是噪声。

如果你知道是信号，就应该行动；如果你知道是噪声，就应该安坐不动。可是你怎么会分得清呢？分得清你就不是普通人了。

对普通人来说，最好是坐在一个不需要做判断的地方，若实在是没法不做判断了，那做判断的次数越少越好。只有坐在这种地方，你才能坐得住，管住自己的手。就像著名投机家、《股票大作手回忆录》（*Reminiscences of A Stock Operator*）主人公杰西·利弗莫尔（Jesse Livermore）说的那样，不用脑子挣钱，用屁股挣钱。

什么地方不怎么需要做判断？几条原则：

第一，指数比个股需要做的判断少至少一个数量级。指数本身是多个股票价格的聚合，已经对冲掉许多个股的特殊因素。

第二，指数跟指数又有不同。有的指数编制出来的时间很短，又追逐市场热点，往往一开始飙得很高，然后就是漫长的下跌。这种指数你要避开。有的指数编制出来的时间长，市场覆盖面广，跟市场一样长期总体向上，但有均值回归倾向。也就是说，它们总是围绕着向上的轨道，跌多了会涨回来，涨多了会跌下去。

中国股市里各种指数林林总总，你只要找出那个时间长、覆盖面广、均值回归特性强的指数，然后把屁股牢牢坐在它上面就行了。

第三，对于有均值回归倾向的指数，最妥帖的投资方法是定投。

如果是事后诸葛亮，那些一直向上的指数，你要早期押重注，然后时刻关心着什么时候出现拐点好抛出。那些一直向下的指数，你要等到了底部才下重手。话是这么说，但事前你既抓不住拐点，也抓不住底部，你绝对没有这个能力。

有均值回归倾向的那些指数则不然，你不必抓拐点也不必找底部，反正是做定投，价格高了少买点份额，低了多买点份额，高了它会跌回来，低了它会涨回去，自动巡航。如果你实在忍不住想做判断，还可以做一点点定制，在指数当前估值跟历史均值相比过高时少买点，过低时多买点。

为什么我一直在讲不要做判断，但在这里又提到做判断呢？因为均值回归的指数它不会涨了一直涨，跌了一直跌，它早晚会回来的。你对什么时候过高，什么时候过低，可以形成模糊的正确判断。罗伯特·希勒（Robert Shiller）是诺贝尔经济学奖得主，他就会根据十年市盈率均值的水平，来评估标普 500 指数是否进入过高或者过低的区间。

投资这件事，就是这么简单。它不能帮你发财，能不能发财要看你的一技之长够不够用。

投资不是为了进攻而是为了防守，普通人只有一条大路好走——诚实劳动，自食其力，有一技之长，做个对别人有用的人，成功率是 95%。炒股为生，成功率说破了天也最多 1%。为什么要舍易就难呢？

作为防守的投资，它能匹配普通人的生命周期，让普通人靠一技之长获得的收入免受通胀的侵蚀。作为普通人，面对呼啸着的险恶市场，既不会因恐惧而僵住不行动，也不会因贪婪而将一生的积蓄轻易付之东流。

这就是关于投资你所需要知道的所有事。再总结一下：

第一，时间是你的朋友，除非你抛弃它；而只有让时间成为你的朋友，波动才能从你的死敌变成你的仆人。

第二，要想让时间做你的朋友，你就要尽可能少做判断，不要去做那些需要天天考验你判断力的事。你经不起考验，没谁经得起考验。

第三，选择那些有均值回归倾向、覆盖面广、经受市场考验时间长的指数来做定投。如果你还想优化，那就估值过高时减少定投，估值过低时增加定投。要注意，估值的高低不是你拍脑袋想出来的，而是跟历史估值的均值相比较得出来的。

这一讲，我推荐阅读大卫·斯文森的《不落俗套的成功——最好的个人投资方法》( *Unconventional Success: A Fundamental Approach to Personal Investment* )。

# 你身边的债务陷阱

这一讲，我要给你提个醒。

可能我对你所有的提醒，都不如这句话来得现实——你已经被合法的高利贷包围了，千万小心，别陷进去。

注意，我的用词是"合法的高利贷"，非一般人所说的"非法的高利贷"。"非法的高利贷"本身并不违法，只是因为其利率过高，所以不受法律保护，也就是说，法律不会帮助债权人把钱收回来，但要是一个愿借一个愿还，法律也不会多管闲事。

而我说的"合法的高利贷"，是个简称，指的是利率水平已逼近但还处于法律保护范围内的高息贷款。之所以说"合法"，是指欠这种钱你是得还的。你不还的话，法律是要追你责的。这些高息贷款就这么合法地出现在你身边，静悄悄地将你包围，帮助你提前实现消费升级的梦想，然而，这只是一个温柔的陷阱。

我们每个人都已经被它们包围。表面上，银行给你发信息是通知你获得了快捷贷款额度，电商卖货时说给你打白条，电信公司给你办业务时顺手让你签个单子，等等，你以为你在过日子，你以为对方在跟你做各种生意，实际不然。用火眼金睛定睛一看，表面上他们在做生意，实际上这生意是向你放贷的载体，他们都想从你这里拿走高利息。

有一次，我看到朋友发了个朋友圈，内容是微众银行的微粒贷。微众银行，腾讯旗下产品。打开链接，显示系统正在载入，一阵阵圈圈转动，好似后台正在启动高深算法，测定我的信用资格，转完后，现出斗大的字，告诉我，我能直接借54000块。非常智能，看不见的后台几秒钟便给我定了性、定了量，用户体验很好。

它们有很多名字：白条、现金贷、消费贷、微粒贷、花呗等。我把它们列在一起，当作一类东西，不做区分，可能涉及的有些人是不服的。他们可能觉得自己用的比其他人用的更正规。不过在我看来，在一个被它们包围的人看来，它们并没有什么本质区别。

合法高利贷，它是合法的，你可不要借。"合法"两个字是保护它的，不是保护你的。你可能会问，一方愿意贷，一方愿意借，契约自由，有何不可？银行正规贷款利率是低，但我借不到啊。

确实，一般人借不到正规的银行贷款，但借不到便宜的贷款，并不意味着你就要往陷阱里跳。

我借用一句巴菲特的话：千万不要欠信用卡债。巴菲特其他话你可以打点折扣来听，但是这句话你得百分之百地听。

包围中国人的合法高利贷主要叫"现金贷"等，包围美国人的合法高利贷叫作"信用卡"。巴菲特当上传说中的股神，靠的是20%上下的长期复合收益率。但是，所有银行在信用卡业务上都是股神，收割的就是欠下信用卡债的"韭菜们"。

看看国内银行发的信用卡，在利息规则上都差不多。我以某家国内大行的信用卡贷款条件为例来算一算：如果20天免息还款期结束时，你未能足额还款，则利息为每天万分之五，按月计复利。我翻译一下：每天万分之五，一个月30天就是万分之一百五十，按月计复利的意思就是每个月利滚利一次，用复利公式套算下来，年化利率是19.95%。

巴菲特要当股神得连续50年"996"（9点上班，21点下班，每周工作6天）才行，银行躺着就把巴菲特给当了。

以美国为例，信用卡业务已经有了几十年历史，同样也被批评了几十年。迈克尔·刘易斯（Michael Lewis）是写华尔街见闻最专业的作家，就是写《大空头》（The Big Short）的那位。他在2019年开播的播客"反对规则"里说，信用卡业务直到 20 世纪 70 年代才通过游说立法，从此摆脱高利贷法的约束。简而言之，信用卡业务原来一直是高利贷，不太合法，后来在银行业的游说下合法化了。

信用卡业务一直是行为金融学家研究商家"钓愚"手法的重点领域。这个词出自诺贝尔经济学奖得主、行为金融学大师罗伯特·希勒近年的同名新书，英文名是 *Phishing for Phools*，用当代中国人耳熟能详的话说就是"割韭菜"。有些行业靠"割韭菜"为生，它们就是钓愚行业。

信用卡跟今天包围你我的各种现金贷、消费贷之间有什么关系？

信用卡相当于前互联网时代的"消费贷 + 现金贷"，而且信用卡有点自缚手脚，还强调信用等级，发卡审核挺麻烦，有一定门槛。今天的钓愚行业则插上了互联网的翅膀，重心下移，审核秒过，利率更高。这些表面上叫作现金贷、消费贷的林林总总的产品，你不用看它们的名字，它们都是同一种东西——高息短期消费贷款。

给你一个忠告，只要听到"消费贷款"这四个字，就赶紧逃跑。

形形色色的高息短期消费贷款，其实都是用大数据的新瓶装合法高利贷的旧酒。有的是真有一点大数据加持，大多数则是假装有。于是，连信用卡的审核、发卡程序都省掉了，然后给极限营销打法嫁接上移动互联网的翅膀，在极短时间内迸发极强的爆发力，迅猛增长。

更重要的是，以往这类业务处于边缘地带，往往是非正规机构的小打小闹，现在则已突进金融的中心地带：每年50%的增长，使它忽然成为总规模以十万亿元计的高增长金融业务。越来越多的主流金融机构把它当作重要的增长点，与互联网巨头合谋，利用人性的弱点和大脑算力的不足，放出形形色色的合法高利贷，区别只在于谁彪悍和谁更加彪悍。

这种现象本不该让它发生。

澄清一下，我不是说所有的高息贷款都有问题。高息短期借贷本身有一定的合理性。总有那么一些人在某些时候急需用钱来周转，他们愿意为资金付出较高的价格，而提供资金的一方获得较高的风险对价。

但这里的关键词是救急，救急可以，高息短期消费贷款则是另一回事。付高息救急周转可以，借来消费则是找死。高息借钱来支持消费这件事不可持续，最终总有人为不可持续付出代价，这个人就是你自己。

只能救急不能救穷。救急是一次性的，难关过去就过去了，消费则是可重复行为。如果你无力达到某个消费水平，那你本来就不应该在这个水平上消费。高息借钱强行提升消费水平，会使你掉入债务陷阱。

所谓债务陷阱，就是刚开始你的收入就不够用来还债，然后渐渐地，你的收入连还利息都不够，这时你就根本爬不出去了。

很简单，平均而言，人们的收入不可能保持20%左右的年化增长率。假设你能做到，那就相当于每4年左右收入翻一番，每过10年左右你的收入是10年前的6倍。人生的职业生涯按40年算的话，你40年后的收入是现在的大约1500倍。个别大神能做到，绝大多数人做不到。我祝愿你能做到，但你不要指望自己肯定能做到。

在某些场景下用贷款来支撑提前消费，也不是不可以。如果未来你的收入流能支持你还本付息，大可提前享受高质量生活。人皆有此心，要不然怎么家家都借房贷呢？虽然都叫贷款，房贷跟高息短期消费贷款可不是一回事。

关键在于利率水平。

房贷利率相当低，大多数时候有利率优惠。此外，房价升值在长期中大体上能战胜通胀；房子还有居住价值，免去了你的租金开支。总的来说，在大多数国家，大多数时候，房子大概率能自己帮你还掉贷款。相比之下，你按20%的年化利率刷消费贷买部苹果手机，保守估计欠款三年后翻倍，而手机那时还有多少残值？

放贷者是逐利的，在灰色地带用高息短期消费贷款来钓愚，本来在所难免，但它今天居然成为中国金融业增长最快的业务之一，这是成问题的。

往大了说，高息短期消费贷款猛增不能当作成绩，要当作重大隐患。一个人寅吃卯粮，欠得越来越多还不起钱，是一个人的悲剧；一代人寅吃卯粮，欠得越来越多还不起钱，到了一定程度，可能造成全社会的灾难。

往小了说，就是你自己，警惕掉入债务陷阱要从管住自己的手开始。消费不起你就别消费，绝不要借钱消费。成功者大多延迟满足，推迟消费，以便投资未来，而那些总想超前满足的人，早被钓愚者规划进了 loser（失败者）的轨道。

管住自己的手。

警告就说这些，如果你还想了解更多，我推荐你去看《钓愚：操纵与欺骗的经济学》（*Phishing for Phools: The Economics of Manipulation and Deception*）这本书。

# 负利率时代如何生存

　　这一讲，我讲讲负利率，以及普通人能怎么办。负利率可能是未来全球金融和经济界最重要的趋势。

　　我先来讲现实，负利率已然是现实，而且从现在的趋势看简直要成为主流。从几年前开始，负利率从不可想象到变成现实，到今天在欧洲和日本，在这两个占到全世界接近三分之一GDP（国内生产总值）总量的经济体里变成常态，再到美国前总统唐纳德·特朗普（Donald Trump）强烈要求美联储向欧洲负利率看齐，眼看负利率就要一统天下了。

　　但是，一般人听到"负利率"这三个字，第一反应通常是：利率怎么能是负的？讲道理，利率不应该是负的。然而，利率在现实中是可以为负的，它就摆在那里。

　　关于利率，有很多种解释，资金的价格、风险的补偿等，我就不讲这些了，我只讲最好理解的一种：

　　人活着就需要吃、穿、用，你既可以当下就把吃、穿、用的物品消费掉，也可以借给别人，将来再拿回来。拿回来的比借出去的多一点，多出来的一点就叫利息。

之所以要收利息，是因为你放弃了当下的消费，变成延期消费。同样数量的物品未来再消费，给你带来的效用，总是不如现在就消费的。劳动跟电一样是不能储存的。通过货币这个中介，人们跨时间分工合作，在分工合作的网络中实现价值的储存。

正因如此，同样一个东西，明天才能拿到，远不如今天就拿到。未来别人还你的物品一定要比你借给他的多一点，才能补齐你的效用，否则你为什么要借出去呢？就算你心地特别善良，这个解释也是没用的。因为如果真有这般善良的人，在长时段的市场交易中早就被消灭了。

这个解释把利率锚定在"人性＋理性"的基础上，不能更强有力了。就好比全世界的快递服务都有普通版和特快版，特快版总是比普通版贵，从来不会有特快版反过来比普通版便宜这样的事情。负利率就好比这种完全不合理的事情，它竟然发生了。

完全不合理的事情，在现实中不仅已经发生了，而且变成了重要趋势。

说起来，这么多经济体搞起了负利率也是有道理的，因为它们要刺激经济。过去这些年，货币政策先是降息，降到降无可降，经济还是不振；那就搞量化宽松政策，就是政府多印钞票，结果印了许多钞票，经济还是不振；最后，一不做二不休，推行负利率。对应的过程是，原来靠负债投资刺激经济，结果经济没提振起来，反而使得债务沉重到负担不起了。降息不行，印钞票也不行，干脆用负利率把负债直接给砍下去。

从治病的药吃起，到吃猛药，到今天开始吃续命的药，经济病人被救成了什么样子，有目共睹。而货币当局，通过下这些药实施的社会财富再分配，却进行了一轮又一轮，实际上进一步拉大了贫富差距。借不到钱的人，过去十年在社会财富分布中的地位稳步下降，而借得到钱的地位急剧上升，这事在哪儿都一样。

这事的初衷，表面上是想刺激经济，但能让这件不合理的事变成现实，我认为背后还有一个重要原因：现代货币权力完全掌握在政府手中。政府想怎么样就怎么样，甚至让货币脱离了最朴素的属性，变成了一个抽象的类似数学符号的东西。

既然数学符号有正有负，那利率也就能正能负。既然利率一降再降也无法引导经济走向政府希望它走的方向，那就变成负利率，看看行不行。

货币本质上是交易的"外挂"，目的是提高交易的效率，扩展交易的边界，增加交易的深度。作为"外挂"，货币要服务于交易，好比狗摇尾巴；但相对于交易，它又有一种抽离感，正是这种抽离感，加上政府越来越激进地使用对货币的垄断权力，使得两者关系发生了倒置，好比尾巴摇狗。

一部货币史，既是它被市场发明创造，促进商业发展的历史，也是它被政府干预，直到最后被政府全部控制的历史。

最早的物物交换，没政府什么事；用实物担当货币媒介，也没政府太多事；到铸币专门化之后，政府的货币权力才大为扩张，但市场也不是全无对抗的，所谓"劣币驱除良币"，就是市场对政府的自发反弹——谁说就你政府能造劣币？

直到 20 世纪 70 年代，美国政府将美元与黄金脱钩之后，全世界才彻底进入完全意义上的法币（Fiat Money）时代。现代法币消灭了传统意义上的劣币、良币。换个角度看，就是政府把劣币的发行权垄断在了自己手中。一张纸印多少数字就是多少钱，你说它是劣币还是良币？

当然，政府不是白白垄断货币权的，它加进来的是信用，并用自己的信用把其他人的信用挤了出去。

这信用有两面。正面看，政府信用通常是任何一个社会中最高等级的信用；反面看，政府信用的基础是垄断合法暴力，对应的是本质上不受约束的合法伤害权。一种货币是良币还是劣币，就看不受约束的这一面还有没有自律。

负利率大行其道，意味着政府的货币权力不受约束地过度扩张，意味着政府对社会的过度榨取。政府的货币权力太过强大，太过傲慢，只关注于缓解短痛，却放弃了对未来的责任。把不可想象的事情——负利率，强行变成现实，这叫作逆天。

对普通人来说，负利率下，存得越多亏得越多，人们完全没有储蓄的理由。但储蓄意味着社会对未来的投资，负利率下，社会不储蓄，意味着投资的责任只能落到政府身上。这些国家国进民退，短期看边际效用越来越小，长期看这对经济来说不可能是好事。

负利率常态化对养老更是灭顶之灾。人们一生劳作，小心地储蓄，指望用储蓄投资的收益来维持退休后同样的生活水平。这本来就已经越来越难了，世界主要经济体普遍面临着人口老龄化问题，使得这种指望无论在哪里都已难以为继，滥搞负利率则带来更致命的一击：不仅投资的收益没有了，本金还在不断消耗。这谁顶得住啊？

如果负利率持续蔓延，普通人唯一的对抗方式是：银行不给利息就提现，提出存款，把现金放在床垫下面。

其实这也不是什么好办法，首先，你不大可能存放太多现金。其次，你虽然可以保有现金，但政府不用碰到你的钱，照样能拿走它——多发行货币就行了。我担忧总有一天会出现这种最坏的情况，政府愿意的话，连这点自主权都不会留给你。

照现在的趋势看，法币进入无现金状态，会比人们预计的要快。这条路怎么走已经很清楚了——通过数字货币来走。政府大概永远不会接受比特币，但很可能在它的刺激下加快数字货币的研发和实施，并最终用数字货币取代所有现金。

估计会有那么一天，使用现金会被视作犯罪。不要说政府做不到，只要它决心做，就能做到。印度前几年废除大额钞票，说做就做了。政府有很多权力受到制约，但货币权不在此列。只要全社会的数据化足够成熟，政府就会将现金视为法币的敌人。

所以我认为，马克·扎克伯格（Mark Zuckerberg）搞的天秤币（Libra，现更名为Diem）必须死。按照Facebook（脸书）公布的白皮书，现在天秤币的搞法叫作推行稳定币，就是让天秤币跟美元、日元、欧元等组合的货币篮子保持一比一的关系。说起来是天秤币有对应储备金，但反过来看，其本质就是要给现行法币加个"外挂"。

其实，货币、法币的本质都是"外挂"。货币好比洋葱，皮剥到最后，还是皮，并没有一个内核。现代法币更是如此，核心是政府的一张嘴而已。如果各国当局放行了天秤币，等这层"外挂的外挂"用久了，争取到了人们的普遍信任，那这一层"外挂的外挂"随时可以宣布独立，底下那层法币就被晾在那里了。各国当局被天秤币忽悠住的唯一可能，就是它们被自己的法币忽悠了，以为法币本身不是洋葱皮。但我看，它们一个个清醒得很呢。

今天，全世界离负利率最远的经济体就是中国。中国当前是利率最高的经济体，是全球负利率大潮下几乎唯一的中流砥柱。

从大势上，瑞信董事总经理陶冬认为，应该趁现在部分资产还有合理收益的时候，尽快锁定长期稳定收益，不要纠结于现在的收益比过去已经低了很多。生态环境已经变了。我认同他的逻辑，现在的投资收益确实不高，却有可能是未来很长时间内最高的。

这一讲我跟你讲了三个要点。

第一，全世界三分之一经济体强推的有可能成为主流的负利率，是不应该发生的。这种情况的发生意味着这些政府对货币权力的滥用。

第二，不对归不对，但现实摆在这里，你要认真考虑能锁定长期收益率的投资品，不要嫌现在的收益率低，将来会更低。

第三，就照现在的搞法，天秤币没戏。它忽悠不了以忽悠为生的中央银行家。

这一讲的结尾，我推荐阅读的是悉尼·霍默（Sidney Homer）和理查德·西拉（Richard Sylla）写的《利率史》（*A History of Interest Rates*）。

# 增长并非天注定

这一讲，我跟你讲讲增长这件事。小到一个家庭，中到一个组织，大到一个国家，没增长百事难为，有增长一切好说。

可惜，增长不是注定的，增长有个周期律。

我们从大处讲起。

经济史学家公认，人类大体上免于饥饿、匮乏和瘟疫，是最近两三百年的事，救星就是工业革命。历史学家艾瑞克·霍布斯鲍姆（Eric Hobsbawm）在《革命的年代》（*The Age of Revolution*）中说，工业革命是人类第一次打破增长的天花板，摆脱农业社会的循环。

这是往好了说，反过来说就是，在农业革命之后，工业革命之前，大概一万年间，人类反复掉入饥饿、匮乏和瘟疫的陷阱，从来没有真正爬出来过。

有学者对工业革命之前的 300 年做实证研究发现，今天所谓的西方国家人均 GDP 增长率是 0.4%，基本等于没增长。当代中国人熟悉的所谓周期律和所谓中国封建社会的超稳定结构，其实西方也经历过。工业革命之前，大家都差不多：增长是极缓的，社会是固化的，经济是脆弱的。

过去的已经过去，关键是未来。过去是超级周期的反复循环，未来能不能再度突破天花板，实现持续增长？

诺贝尔经济学奖得主安格斯·迪顿（Angus Deaton）近年写了本书叫《逃离不平等》，英文名是 *The Great Escape*，讲过去 200 多年间人类是怎样从这个循环中逃离出来的。

这可谓人类高歌猛进的英雄史诗阶段，但迪顿可不是一味乐观。他给书起的名字，*The Great Escape*，直译过来就是"伟大的逃离"，来自同名的一部老电影。电影讲的是二战中盟军战俘从德军战俘营逃离的故事。带头人逃狱多少次，就被抓回来多少次，最后被希特勒亲自下令枪毙。

迪顿说他之所以取这个书名，意在忽略实际结果，重在强调抗争的意义。他并不认为过去两三百年的高增长在未来必然持续。作为一个严谨的学者，他正式的说法是，没有证据支持这一点；作为一个熟知历史的观察者，他用书名的双关来提醒你不能盲目乐观。

同样，经济学家罗伯特·戈登（Robert Gordon）近年的著作《美国增长的起落》（*The Rise and Fall of American*

*Growth*）引发了轰动。在美国经济增长的翔实数据支持下，他认为美国经济增长最快的阶段是 1920 年到 1970 年那半个世纪，增长的动力来自发电机、内燃机，以及围绕着这些核心技术的一整套技术的大规模使用。这些是人类历史上最能带动经济增长的发明。

可惜的是，它们带来的增长都已经发生过了，至于未来的技术进步会不会带来类似的增长，他的看法是悲观的。互联网、移动通信、电脑、AI（人工智能）、基因技术等，好固然是很好，可惜其能量还是不能跟电力相比。美国经济高增长的时代过去了，没有理由相信它会重现。

如果说人类刚刚逃离农业时代的周期律，那么迪顿和戈登一个在暗示，另一个在明示我们，工业时代可能也有个周期律——增长不是注定的。这个问题反过来问是这样的：

经济增长能不能获得一个"逃逸速度"，从低增长陷阱中逃离，就像工业革命时那样？工业革命使我们从农业社会周期律中逃逸出来，今天所谓的信息革命能否给增长带来另一个逃逸速度？

刚才讲到，戈登和迪顿都对这事不乐观，他们是基于经济史的研究做出的判断。其实，即使是经济学家基于纯粹经济模型得出的看法，也得说，这事说不好。

我来讲个最简单的增长模型。假设增长只跟两个因素有关，一个是劳动力（labor），一个是资本（capital）。资本在这里指的是资源。劳动力跟资本结合就意味着生产，所有的生产加起来就是经济，增长就意味着生产出来的东西变多。

我们先假设这个经济体只有一个人，给定这个人现有的技能，那么，经济的增长就取决于这个人能运用多少资源，也就是资本。

如果这个人是铁匠，打铁需要炉子、生铁、工具这些资源，没有的话，是造不出任何东西来的，生产等于零。但有一点资源就不一样了，产量就会从 0 到 1。随着资源增加，炉子好使，生铁够用，工具称手，铁匠的生产量会越来越多。

但你要注意，产量的增长曲线会先剧烈上升，对应着从 0 到 1 的过程，然后是从 1 到 10 的过程，然后逐渐稳定下来，到最后几乎走平。这时，你给他再多的资源，他就一个人，最多也只能打这么多铁，到这个地步，增长就停止了。

换句话说，当劳动力固定时，增长就是给其匹配相应资源、资本的过程。刚开始资本稀缺，边际增加资本会带来很多增长；后来资本越来越充分，边际增加资本带来的增长越来越小，极端情况下趋近于 0。从这个角度看，经济增长就是劳动者获得与其技能相匹配的资本的过程。当这个过程完成后，增长就停止了。

这是讲一个人，从人均的角度看，到这里已经进入均衡状态，不再变了。从经济整体来看，到这里，经济增长取决于劳动力人口的增加。加一个人，经济增长一分；不加人，经济就不增长。

我刚才所讲的，运用了经济增长理论中最基本的索洛（Solow）模型。索洛模型其实还有一个模块，这个模块有个了不起的名字，叫"全要素生产率"（total factor productivity），但严格地说它是个余值。人力和资本是生产的要素投入，在GDP中把要素投入的贡献扣除后，还剩下的部分，经济学家称为"全要素生产率带来的贡献"。如果要素投入不变，同样多的劳动力运用同样多的资本，今年创造的产出比去年多出来的部分，就称为"全要素生产率提升带来的增长"。

全要素生产率的作用是倒推出来的。索洛模型认为它是个余值，说不清道不明，是"经济学家对于经济增长这件事的无知的总和"。

一般来说，经济学家认为，全要素生产率的来源主要是技术进步。同样一个铁匠，用同样的工具，同样的炉子，同样的生铁，结果打出了价值更高的铁器，仔细一看，原来他改进了工艺。如果说人力和资本是投入多少的问题，全要素生产率则是个怎么投入的问题。

极简化地理解索洛模型，可以把增长分成两个部分。第一部分的增长来自劳动者获得与其技能匹配的资本量这个过程；第二部分的增长来自全要素生产率提升，主要是技术进步。

当第一部分的增长饱和之后，增长就只能靠技术进步了。可是技术进步这件事是不可控制且无法预测的，所以，索洛模型认为，它对经济增长来说是个外生变量。什么时候会产生技术进步，这事主要看天。

用索洛模型来回答我们先前提出的问题——经济增长能否获得一个逃逸速度，从低增长陷阱中逃离——答案是很清楚的：增长注定会先高后低，最后趋于停滞。至于能否从停滞中逃逸，要看技术进步给不给力，而这件事谁也不能打包票，于是，经济增长既有可能持续跃迁，也有可能长期停滞。

按照索洛模型，经济放缓其实应该是个渐进的过程，而且等它真到走平的时候，经济已经达到相当富足的水平。按模型去套的话，无论穷国富国，到最后增长水平相似的时候，都是富裕经济体了。

现实当然不是这样的。绝大多数国家在达到这个状态前，经济增长水平就已经掉下来了。美国财政部前部长拉里·萨默斯（Larry Summers）和发展经济学家兰特·普里切特（Lant Pritchett）发现：经济增速放缓的过程并不平缓，而是断崖式暴跌。自二战以来，出现过的 70 次经济高增长当中，他们把 6% 以上的增长定义为超高速增长，而在所有超高速增长的案例之后，都出现了超过 5 个百分点的断崖式下跌。

其实，这也是会出现所谓"中等收入陷阱"的原因。管理不好增长放缓的那个阶段，开始断崖式下跌，往上爬的机会就错过了。

为什么不是模型所预言的平稳下滑，而是断崖下跌？

曾当过法国总统经济顾问的经济学家让·皮萨尼－费里（Jean Pisani-Ferry）认为，全社会都习惯了高增长，这个念想直到最后才会在现实面前被放弃，一旦发生集体观念的突然转向，经济往往就会剧烈下坠。其中，政府的角色特别重要。因为政府总是要尽力阻止增速下滑，但这些努力很可能会使问题恶化。政府能做的无非是不断举债、不断增加投资，但过度投资的效果会递减，也存在上限，搞过了头，反倒会加剧总清算来临时的力度。

其实，突破断崖式下跌的魔咒，不掉入中等收入陷阱，按照索洛模型来办的话反而简单。接受增长放缓的事实，逆天的事别做太多、太久，平心静气地慢慢爬，反而更有希望爬到那个高原上去。

这一讲的结尾，我推荐的读物是罗伯特·戈登的《美国增长的起落》。

人间世

# 自我管理：时间省不出来

这一讲，我们聊聊省时间这个话题。

现在大家无论做什么事，工作或娱乐，效率是越来越高了，却觉得时间越来越紧。时间都去哪儿了？

有个很简单的原因。经济学家丹尼尔·哈默梅什（Daniel Hamermesh）在《花时间》（*Spending Time*）里给了个说法：跟 50 年前相比，人们的平均预期寿命只增加了 15%，而收入是那时的 3 倍。这指的是美国人，要是中国人，收入增长肯定更多。人们之所以越来越忙，是因为花钱这件事，你还得有时间去花才行。时间增加得少，钱增加得多，人就忙起来了：时间花光了，钱还没花完。

这逻辑几乎对所有人都是成立的，但穷富差距又使它呈现出更复杂的面相。

延展开来讲，穷忙穷忙，这话说得不对，富人才是真忙。一件东西的价值由其机会成本来决定，悠闲的机会成本是这样计算的，你将本可以用于悠闲的时间用于工作，能创造多少收入？富人悠闲的成本高，所以富人总是比穷人忙。

即便是将时间用于玩，富人也必须玩得更有金钱的味道，所以富人玩的时候也很忙，忙着做发型、看展览、听歌剧。他们看着很悠闲，其实很忙。

穷人相对不忙，是因为收入低，因此时间对穷人的价值也低。比如，穷人看电视的时间比富人多。美国人每天看电视的时间平均为 3 小时 35 分钟（截至 2019 年上半年），但穷人每天要看得更多，因为看电视是一种时间密集但资金不密集的消遣。富人要是把时间都用来看电视，哪里还有足够的时间去花钱？再考虑到穷人富人的比例，可以说，美国的电视基本上都被穷人给看了。据说美国前总统特朗普每天平均看 4 小时福克斯电视台，真如此的话，他可是富人中的另类了。

我读《花时间》这本书，主要目的是学习怎么将时间省出来。看完发现，这事并不乐观，通过努力把时间省出来的空间很小。

如果你把一天到晚做的各种事各花了多少时间不厌其详地记下来，一年到头，周而复始，那么你就有了一本时间日记。某研究机构从 2003 年开始跟踪 1000 个美国人的时间日记，十几年下来，有许多发现。

正常人的时间都分配到了四大类事务之中：工作的事、家庭的事、个人的事、休闲的事。

工作的事不需多说，把时间用于工作，是把时间用于其他三项的前提，不然收入从哪里来？研究怎样省时间的首要目的，就是想把时间省下来用在工作上。不过，工作的时间其实没有"朝九晚五"那么长，平均下来，一个美国人每天用于工作的时间只有 4 小时，还有 4 小时去哪儿了？你猜猜看。

答案是：名义上他在工作，其实他在假装工作。

家庭的事当中，耗时大户是做家务和照顾孩子。休闲的事当中，第一耗时大户上面说了，就是看电视。在今天的环境下，还可以加上看手机。虽然看手机的时间到底有多少用于工作，有多少用于休闲，不太好分清。但自从手机纷纷加上屏幕时间管理功能，并细化到监控每一个程序占用多少时间后，我们对管好自己花在智能设备上的时间这个问题，便再也没借口回避了。我平均每天在手机上花 3 个小时，每天拿起手机的次数是 79 次。你呢？

个人的事当中，第一耗时大户是睡觉。睡觉时间同样也有贫富差距，穷人比富人平均每天多睡接近一个小时——睡觉只花时间不花钱，时间宝贵的人少睡，钱少的人多睡。你可不要搞反了因果关系，以为是睡觉少让人变得有钱，于是夙兴夜寐起来。

省时间难，难在花时间这事有天然瓶颈，许多事非你不可。你不能请人帮你睡觉，请人帮你吃饭，请人帮你看电视。请人帮你照顾孩子倒是可以，但它要求一定的收入和住房条件。大多数人要么条件还不够，要么不愿意。

我试着记过一个月的时间日记，看看哪些是非自己做不可的事情，把它们占用的时间加起来，结果发现剩下的可省时间相当有限。不信，你也可以试试看。

明白时间难省也不必沮丧，因为知道时间如何分配，有助于你直截了当地提升使用时间的质量：什么事花的时间最多，就让什么事的体验变好。

用时第一大户是睡觉，所以，你要搞张舒服的床，要有个舒服的枕头，手机不要放在床头，卧室里所有发光的东西都关掉，带发光显示的插座拔掉。睡眠环境中有噪声的，给窗户装上双层隔音玻璃；如果噪声来自身边人，就用上降噪耳塞。如果眼罩有助于入眠，那就戴上。如果这样还不行，该服用安眠药就服用安眠药。

只要能帮你睡得好的事情，需要做的你就做。它是最值得的消费，又是收益最高的投资。睡觉平均占用你人生 1/3 的时间，只要睡得好，人生就已躺赢。

用时第二大户是看电视、玩手机，你要真想看电视，那就接着看，真想玩手机，那就接着玩。但得把握住关键的一条：你不要被动，要主动。

你不能被动地看电视、玩手机，有什么就看什么，有什么就玩什么，而是主动地看，主动地玩，只看自己想看的节目，想了解的内容。被动使你沉迷，主动才能掌控。就算时间还是花了那么多，至少体验是不同的。

用时第三大户是做家务，如果你喜欢做家务，挺好，否则能外包的尽量外包，能自动化的尽量自动化。

用时第四大户是照顾孩子。我没有见过后悔生育的父母，但统计数据摆在那里：平均而言，人们在有孩子之后幸福感会下降，要到孩子成人离家后幸福感才会回升。

对此，我觉得只有一个办法：如果你本来就享受养育孩子这件事，那么你很幸运，继续好好享受；如果你把照顾孩子当作麻烦，那么你必须学会骗自己，相信它是种享受。18年的漫漫长路，不骗骗自己怎么过得去？

除了时间不够用，我们还有另外一个苦恼，就是在有限的时间里我们逃不开干扰。这干扰主要来自自己。

我上周一天平均拿起79次手机，醒着的时候平均每小时拿起5次，每12分钟一次，无论怎么说，这都太频繁了。它打断了我的专注，将已经很有限的时间又切割成了碎片。

我随机在周围做了一些调查，发现我还属于最自律的那部分人，几乎所有同事每天拿起手机的次数都比我多。目前我查到的最高纪录，是一天拿起了212次，约等于清醒时平均每4分钟拿起一次手机。生活是碎得不能再碎了。可见，提高心理能量，提升生活质量，第一步就是要减少拿起手机的次数。

如何防止来自自己的干扰，对每个人来说都是迫在眉睫的大问题。我最近在这个问题上有一个重大启发，就是它其实不是一个技术问题。我们的自控出了错，并非因为不知道怎么做可以少受干扰。它主要是个态度问题。

尼尔·埃亚尔（Nir Eyal）在《不可打扰》（*Indistractable*）这本书里讲，驱动人的不是趋利避害，而只是避害。我们做一切事情都是为了逃避痛苦，因此时间管理就是痛苦管理。

这话让我豁然开朗。我们之所以受到那么多干扰，是因为我们主动寻找这些干扰，以便从眼下的痛苦中逃离。那些能使我们暂时从痛苦中逃开的事情，如刷微博、发朋友圈，是我们管理痛苦的手段。

干扰之所以能成为干扰，是因为它是我们自找的。这事自古以来就是如此，现在之所以显得更猖獗，只是因为帮助我们暂时从痛苦中逃开的技术工具变多了。我们不是技术的受害者，技术只是我们伤害自己的帮凶。

我推荐你去读读这本英文新书《不可打扰》，全书的精华就在于这个表述的变换，将表面上的时间管理变换成深层的痛苦管理。于是，外部问题变成内部问题，外部干扰问题变成只能自己负责的问题：怎么面对痛苦？哪些可以暂时逃开，哪些必须马上处理，哪些只能承受，哪些能有所作为？责任都在自己身上，再也没有借口。

我给你留个任务，也留给自己。

我的第一个目标是将每天拿起手机的平均次数从 79 次降到 50 次，然后再从那里往下走。你平均每天拿起手机多少次？你用安卓手机也好，苹果手机也好，它们都有屏幕时间管理功能，打开来看一看。这个数字吓住你没有？你的第一目标是要降到多少次？

# 嫉妒：生存竞争下的二阶理性

这一讲，我想跟你聊的话题是嫉妒。

查理·芒格（Charlie Munger）说过，嫉妒是心理学研究的富矿，但是还没被充分开垦。我本来不太相信，直到读了一本某心理学家写的《嫉妒》，才发现芒格说得很有道理。

这本书讲的嫉妒，主要是对异性的占有欲。首先是男性对女性的占有欲。这种嫉妒当然存在，简直无处不在，但它在嫉妒的世界地图里只占一隅之地，而且是比较没有意思的那一隅。

有个英语短语，叫作"看得很紧"（jealously guard），指的就是这种嫉妒驱使下的行为。视某人某物为我所有，于是看得很紧，唯恐有失，一旦失去，则我当下的福利受到重大损失，子孙后代的基因受到污染。

这种嫉妒太正常了，非常好理解。哪怕是条狗，也天生知道护食，把肉骨头看得很紧，这是跟人一模一样的行为。

这是基因驱动下的本能，完全符合简单的理性预期，所以探讨起来意思不大。

值得更多探究的嫉妒，发生在同类之间，特别是身处食物链同一环节的群体之间。

蛾眉善妒，妒的不是须眉，须眉是她的客户，她妒的是其他蛾眉。身为猎物，与猎食者不共戴天，但如果猎物心生嫉妒，它嫉妒的也只是其他猎物，正如猎食者嫉妒的是其他猎食者。猎物与猎食者间肯定也有很多想法，唯独嫉妒不在其中。

身在职场，如果你心生嫉妒，对象不会是上级，也不会是下级，只会是同级。如果场景转移到国家之间，假如一个国家的集体意识能生出嫉妒，你觉得 40 多年前，美国会嫉妒中国吗？不会的。但今天就有可能。

这种嫉妒看起来并不符合理性预期，因此更有意思。俗话说"人比人，气死人"。理性点想，管自己过得好不好就行了，管别人干吗？只要你自己过得好，今天比昨天好，明天比今天好，何必去管别人过得好与不好？别人过得比你好或不好，又与你何干？

话是这么说，对同类的嫉妒还是无处不在。我们每个人对它都太熟悉了：我们是它的主体，也是它的客体。这事需要解释，我试着给一个。

对"理性"的定义，一般是这样的：知道自己有什么偏好，也知道怎样为自己的偏好排出优先顺序，然后将有限的资源按优先顺序依次满足偏好，就算是理性了。

如果自己的偏好只关乎自己，我把它叫作"一阶的偏好"。如果我们的偏好都只是一阶的，那这世上就没什么嫉妒了。大家只关心自己的升降沉浮，对别人的升降沉浮毫不关心。我并不确定没有嫉妒的世界就是更美好的世界，但能确定那是个比现在简单得多的世界。

但是，人们的偏好往往还是二阶的。所谓"二阶"，我指的是在偏好这一项里代入的内容，不光有自己的指标，还有自己与同类在同一指标上的差别。简单地说就是，光是我变好了不行，还得你变好的程度没我高。你我之间的差距，如果过往是我领先，那么，今后绝对不能缩小；如果过往是你领先，那么差距绝对不能扩大。所谓嫉妒，就是见不得别人好。这不是不理性，也不是简单的一阶理性，而是二阶理性。

一阶理性与二阶理性折射出生存竞争的两重属性。一重存在于不同群体之间，比如捕食者与猎物之间；一重存在于各个群体之内，比如面对着捕食者的一群猎物。

如果是前者，面对捕食者，猎物能做的就是让自己变得更快更高更强，做不到就死无葬身之地，无话可说。如果是后者，猎物变得再快再高再强也没用，因为同伴比它更快更高更强的话，为了增加活下来的机会，自己除了要努力往上爬，还要把同伴向下拉。

一般来说，一个群体内部的凝聚力，取决于生存竞争两重属性的张力。如果外部压力变大，则群体的内部凝聚力增加；如果外部压力放松，则内部凝聚力涣散。外部的压力与内部的嫉妒之力，存在一个粗糙的此消彼长的关系。

这也是不论什么群体都得有至少一个敌人的原因，实在没有敌人，那也得创造一个。没有敌人，人心就散了，队伍就不好带了。虽然敌人有这作用，但只在一种情况下，群体才会完全凝聚起来，众志成城——敌人强大到能无差别、无遗漏地将大家一网打尽的程度。假设外星人降临地球，不沟通、不交流，要把所有人类都做成电池，那么历经20万年还没实现的"人类世界大同"，一天就能实现。形势危急到无计可施的时候，才能诞生最大的人类共同体。

正因如此，有智慧的捕食者与有智慧的猎物相遇时，前者总要给后者留出一丝机会，绝不一网打尽。不光是为了留到未来慢慢享受，更因为，只要留出有限的机会，猎物们为了追逐这点机会，自会将同类送到捕食者面前。

一个人如何统驭天下人？借用邓巴数[1]的逻辑，他只要使

1　由英国人类学家罗宾·邓巴（Robin Dunbar）提出。邓巴数即数字"150"，指人类智力允许一个人拥有稳定社交网络的人数是150人左右。——编者注

法子统驭住 9 个猎物，后者又各自统驭住下一层的 9 个猎物，层层往下，搭出一个食物链金字塔。我算了算，只需 9 层，你就能统驭住近 4 亿人类。站到金字塔尖，你不需要打得过 4 亿人，只需要让那第一层的 9 个猎物，自动把同伴送到你面前即可。

见不得别人好，就是这样一种有毁灭性能量的理性。

之所以说它是理性的，是因为它时常是生存之必须：森林中遇到熊，如果同伴跑得比你要快一点，你跑得再快也没有用。国家之间，如果你的力量变得更强，我的力量再强也没有安全感。

之所以说嫉妒有毁灭性，是因为在它的棱镜里，本来复杂丰富的博弈，会迅速收缩成零和游戏。如果对方沉浸在这种二阶理性里，你想说服他：内讧首先伤害的是自己，没什么意义。他会这样答复你：只要你受的伤比我重就行。最终，是大家把自己依次送上了捕食者的餐桌。

我们能不能从嫉妒的陷阱里走出来？

《嫉妒》这本书最后虽讲了点疗法，自控、自助、自我完善等。在我看来都是南辕北辙，嫉妒是被情感包裹着的，外在为情感的释放，内在是理性算计。越理性的算计就越有嫉妒的理由。《嫉妒》这本书没看到这一层，所以开出的药方只能哄哄孩子。

你我想想自己是怎么走出来的？嫉妒不能预防，只能释放，往往需要有一次能量的猛烈释放。如果万幸，没造成不可收拾的悲剧性后果，那么大家彼此交换一下庆幸的眼神，接受现实。当然，还有许多人永远也走不出来。只要你过得比我差，人性中的这只魔鬼将与我们永存。

## 洗脑：远不止是欺骗

这一讲我想跟你聊聊洗脑。

我们在生活中经常遇到一些场景：被保险经纪人说动，被消费贷电话营销打动，被主播带货的直播吸引，等等。总之当时立马掏钱，事后才清醒过来，无法解释自己的行为，于是认为当初是被洗了脑。

殊不知，洗脑没这么简单。我们确实中了招，但对方出的招针对的是人们常见的心理定式。正如心理学家罗伯特·西奥迪尼（Robert Cialdini）所告诉我们的那样：生而为人，我们有一些默认的反应开关——投桃报李、爱屋及乌、渴望认同、服从权威、追逐稀缺、保持一致。如果对方搞透这些开关的反应机制，组合成营销武器，我们很难逃掉。

但是，正如西奥迪尼那本书《影响力》（*Influence*）的书名一样，这些开关虽然被武器化了，涉嫌思想操纵，但仍然属于影响力的范畴。你我中了招，哪怕损失不小，但还不算是被洗了脑。人们对洗脑的通常理解往往太过宽泛，于是反而警惕性不足。

关于洗脑的对话，很容易掉进一个廉价的死循环里。

你被洗脑了！

不，你才被洗脑了！

之所以说它是死循环，是因为到这里就爬不出来了。不管是谁被洗了脑，在被洗脑的那一方看来，都是另一方被洗了脑。辩论也就到此结束。彼此都认为自己才是拯救者，对方才需要被拯救。还能再说什么？

这类关于洗脑的辩论像个俄罗斯套娃。一层层打开，每层里面还是个套娃；洗脑的辩论一层层往下，无论到哪一层总还有人宣布是对方被洗脑了。到了这一步，一方认为自己是独立思考、自主选择，对方是被洗脑；另一方看法完全相同，只是方向相反：我见你是脑残，料你见我亦如是。这事就真没的讨论了。

之所以说这个死循环是廉价的，是因为它不过是口舌之争，轻飘飘。洗脑是个"严肃得要死"（deadly serious）的事情。不是什么东西影响了你，都能叫洗脑。每个人无时无刻不在各种影响之中，如果说那也叫洗脑，就没有什么不是洗脑，把它叫作洗脑毫无意义。只有那种你想逃也逃不开，无法选择、不由分说，一定要将你洗髓的影响，才叫洗脑。

真正到位的洗脑，无一不以暴力为后盾。洗刷其表，暴力打底，才能重塑大脑回路，输出预定的结果。高明的洗脑会适度使用暴力，不高明的洗脑过度使用暴力，但不管高明不高明，没有暴力的洗脑是洗不到位的。

我来介绍一种洗脑大法，ICURE，这是缩写，也是双关。

ICURE 的意思是自我治愈，这是所有洗脑者投射给被洗脑者的关键信息。你有什么烦忧，我统统治愈。它的缩写对应着 5 个单词，Isolate（隔离）、Control（控制）、Uncertainty（不确定性）、Repetition（重复）、Emotion（情感）。

我一个个讲来。

Isolate，隔离：把肥羊们，也就是被洗脑者，从原有环境中连根拔起，圈养在别处，尽量与外界隔离。这里的关键字是圈不是养，养是要花钱的，成本太高。养的话，洗脑的收益去哪里找？

Control，控制：牢牢控制住肥羊们的所见所闻、所思所想、所作所为，一切尽在掌握之中。不让看的不能看，不让听的不能听，不让信的不能信。

Uncertainty，不确定性：强制灌输新观念，轰掉肥羊们过往的信念系统。一举轰掉最好，不行的话就先从动摇他们开始，让肥羊们对旧我产生怀疑，为接纳新我留出空间。

Repetition，重复：不厌其烦地重复，不厌其烦地重复，

不厌其烦地重复，重要的事情讲三遍。最终将要传达的观念——无论它是什么都无所谓——刻到肥羊们的头脑中。

最后想达到什么效果呢？就是在轰掉肥羊们原有的信念系统和行为指南之后，使他们的大脑中只剩下被重复灌输的东西。信最好，不信也没关系，因为除了这些东西之外，他们的脑子里已是一片空白。等到他们大脑启动后发现只剩下被灌进去的信息时，他们不信跟信是等价的。

Emotion，情感：用情感，当然是假的，他是假意，你也知道他是假意，他也知道你知道他是假意……都没关系。关键是垄断你们情感的输入与输出，使得你除了被灌输进去的情感表达之外，剩不下别的东西。当默认启动后只有灌进去的情感时，也无所谓真情假意，假作真时真亦假。

将 ICURE 大法串联起来的关键是暴力。要是没有暴力打底子，前几步就会掉链子，隔离需要暴力，控制需要暴力，垄断信息需要暴力，无止境地重复灌输需要暴力，垄断情感表达更需要暴力，暴力是敲开被洗脑者精神世界的底层能力，最终置入明知是虚假的同伴情谊，因为别的什么也没有了。

洗脑当然是系统性的欺骗，但凡欺骗就有其套路，但洗脑之所以叫洗脑，是因为它远不止是欺骗。如果只是靠你骗我，我去骗更多人，更多人再去骗更多人，这个简单模式本身的成功率有限，不是肯定不能成功，而是潜在的流失率太高，效率上不来。因为傻子的自由度太高的话，骗起来的成本也就太高。必须用暴力将恐怖的阴影时时刻刻投射到前台，大脑才能一洗了之。只有 ICURE 大法已竟全功，洗脑完成时，暴力才会退隐幕后。即便如此，暴力也永不会真正退场。

所以说，被洗脑不是被洗脑人的错，不是因为他们太傻，或者太天真，或者太贪婪。他们可能有各种缺点，但缺点并不重要，重要的是他们被前台的洗脑术和后台的暴力双重挟持，别无选择，才会越陷越深。你我不傻、不天真，也不贪婪，遇到这种洗脑术照样逃不掉。

有许多反洗脑的专家建议，局部地看不无道理，比如说要保持观察，关注细节，因为魔鬼往往隐藏在细节之中；比如说要保持坚强的自我意识，事先划下不可逾越的界线，因为洗脑的标准打法，就是把你放到滑坡上，越滑越快，直到不能回头；比如说要警惕自己的情感开关被人拨动，因为通过情感快车道将人推进、融入更高阶的团体意识，是洗脑的必备手法；再比如说要先规划好退出通道，以免事到临头来不及。

这些解毒剂都是有用的，但又都不是关键。保持清醒到最后与不能避免被洗脑，二者并不矛盾。你别无选择的话，那个使你别无选择的东西才是关键所在。

在暴力的加持下，通过强制性、系统化的欺骗来驯化肥羊，还只是初阶的洗脑。洗脑大成的标志，是让受害者转变成施害者。洗脑的最高境界，是把肥羊变成恶狼，让洗脑之术自我强化，自我复制，自我扩展。

几年前发生过一个轰动全国的案例，大学生李文星在天津静海惨死在传销组织手中。我所在的财新传媒派出记者，深入调查，详尽报道，使我对这类传销组织有了深刻了解。对这类组织来说，暴力在洗脑工具库里太重要，使其本质从搞传销一般的洗脑组织，变成了一个类绑架组织。

所有传销组织都是金字塔状结构，该组织当然也是，但它并没有自上而下组建一个专门的打手系统。原因很简单，维护专门的打手系统太贵而风险又太高，经济上不合算，抗警方打击的能力又很差。

在这个传销组织内部，暴力是自下而生的。它有许许多多个小组，每个传销小组都是双轮驱动的自组织，一个轮子是表面上的情感，另一个轮子是内核的暴力，用暴力来维系情感上的强行灌注。

谁是施暴者呢？绝大多数施暴者正是上一轮的受害者。

传销组织显然借鉴了类似 ICURE 的洗脑大法。他们总是尽早榨取受害者本人的钱财，然后是其亲属的钱财，再然后是其社会关系网中有可能动员起来的所有钱财。本来就要榨取钱财，更要通过榨干钱财来破坏性开采，从而摧毁受害者的社会关系网，使他陷入彻底的孤立无援中。

传销组织的洗脑术并不只是依赖人们的愚蠢或是思维定式的弱点，而是以暴力加持精神控制。强力收紧受害者的选择空间，在把他们推到临界点时，哪怕他们的理性仍保持完整，仍然面对着浮士德一般的选择：已经一无所有，除此无处可去。许多人就在这里选择了魔鬼——如果战胜不了他们，就加入他们。

在到达临界点之前，他们是受害者，也知道自己受了骗；越过临界点之后，许多受害者在理性计算的驱使下，接过加害者手中的大棒，挥向下一个受害者，自己成为施害者。越会理性计算的人，越有可能完成这次变身。

羊就变成了狼。

这一讲给你讲洗脑，不是为了猎奇，而是为了让你提高警惕。它以暴力为支撑，系统性地施加垄断性影响，以实现思想控制。它离你我的日常生活并不遥远。

举个例子，时不时引发热议的家庭暴力就是洗脑的一种形态。想想看，暴力＋垄断性影响＋思想控制，这些在家暴事件中可是应有尽有的。愿你擦亮眼睛，提高警惕。

# 安身立命：变还是不变

这一讲，我跟你讲个关于安身立命的大问题，来自一位同事对我提的问题：如果世事纷乱，剧变来临，对我们来说，是不是仍然得有些东西是不变的？

这事要两头说：讲利害的话，就是一切都要变，讲志向的话，变不变则看每个人自己。

讲利害大概包含这几层意思：客观，不带情感，就事论事，仿佛你置身事外，不在其中。

假设你是外星人，站在人马座上用超级望远镜看地球，人类的一切行为历历在目，尽在掌握。那么，你观察到的行为必然在永恒的变化之中。人类有时表现得稳定，那是因为环境稳定，只要环境一变，人类的行为就变了。古人说"仓廪实而知礼节，衣食足而知荣辱"，那是因为他们懂得，仓廪空的话，第一个消失的就是礼节，饥寒之中找不到荣誉感。

"道可道，非常道。"语言是标签，标签是固化的，现实是变化的，而变化是永恒的，标签永远追不上变化。所以老子提醒我们，但凡能说出来的，就不是最深刻的道理了。

假如你是站在人马座上的那个外星人，人类行为背后有什么想法，你虽观察不到，对你而言却不重要。人类是有意为之也好，随机变异也好，随波逐流也好，对你都是一样的，总之你只看行为。

正如经济学讲的偏好，并非你藏在心里的主观好恶，而是"显示出来的偏好"，即你在多种选择间，做出取舍的可观察到的行为本身。行为最重要的是看结果，结果是什么，则要看环境是否允许。

这种对行为的选择，最极端可以到什么地步？最近，BBC（英国广播公司）的纪录片《七个世界，一个星球》(*Seven Worlds, One Planet*) 我看得目瞪口呆。

有一集讲灰头信天翁养育子女。灰头信天翁识别自己的孩子只有一个办法，就是孩子必须待在巢里，一旦孩子被风刮下来，哪怕孩子就站在它们跟前，哪怕孩子拼命凑过去趴在它们脚边叫，它们也认不出来。无论是看、听、闻，它们都认不出自己的孩子。孩子必须自己爬回巢里，爬不上去，就会死掉，但只要一爬上去，它们马上能认出来，恢复关系。

小信天翁爬回巢里，好比好汉入伙要交投名状，交了就是自己人，不交就是外人。内心戏根本不重要。

当环境改变时，那些将行为调整到与环境兼容的人，获得继续下去的机会；那些不肯改变的，或者虽然肯改变但变得不到位的人，就出局，失去未来的机会。物竟天择，适者生存。老天爷跟经济学家一样，都是锯箭主义者，只管身体外面的那根箭杆，它们不关心万物的内心想什么，只对行为做出选择。

那行为是怎样改变的？

设想一个极简模型。假设社会中只有两种人。一种人是老鹰，遇人就打；一种人是鸽子，逢打架就躲。老鹰遇见鸽子，一个想打，一个想逃，老鹰自然是赢家。老鹰遇见老鹰，就会打得一地羽毛，赢家惨胜，输家惨败。鸽子遇见鸽子，那就相互取暖，彼此慰藉。

请问你，这个社会最后会剩下什么人？

不会全都是老鹰。全都是老鹰的话，老鹰也会过得实在艰难，战争无穷无尽、永远彼此伤害的世界，老鹰也承受不起。如果社会中只剩下老鹰，一定会有一些老鹰"转行"当鸽子。不打了，我躲，因为此时当鸽子的平均收益胜过当老鹰——惹不起躲得起，胜过事事都要硬扛。

这个社会也不会只剩下鸽子。全社会都是鸽子的话，一定会有鸽子"转行"当老鹰。因为此时当老鹰收益太高：狼入羊群就是这种感觉——爽。

上面说的还是封闭社会，假如是开放社会的话，那就更好办：如果社会过度鹰化，会有鸽子入侵；如果社会过度鸽化，会有老鹰入侵。

总之，鹰太多了，做鸽子划算；鸽子太多了，做老鹰划算。你可以选择不变，但社会是不在乎的，自有许许多多人会变。

鹰鸽转换的临界点在哪里？

没有一定之规，要看三种情形：鹰与鹰相遇、鸽与鸽相遇、鹰与鸽相遇。鹰和鸽各自的收益由三种情形之间的对比关系决定，当老鹰占一个社会的大比例时，做鸽子开始变得划算；反过来也一样。不同社会里，这个收益对比关系不同，所以转换的临界点也不同。

我们今天面临的大变局，极度简化地说，就是冷战结束以来20多年的大缓和时代。跟此前的时段相比，环境变得实在太过友好，所以鸽子就超生了，于是引发了老鹰的入侵。老鹰当然从来没有消失过，只是今天对它来说机会太好，鸽子太多了，于是老鹰就大举繁殖。

仁义出，有大盗。"圣人不死，大盗不止"，这是《庄子》里的话，庄子不知道什么鹰鸽博弈，但他完全明这个道理。一切皆在变，在大变局之中，更是一切都在加速度变化。理论上你我也得变，实在不想变也行，不变就等于选择去承受老鹰的尖爪利喙。那些不变的被淘汰，对社会来说，跟变化的发生是等价的。

讲完庄子的利害计算，我再讲讲孔子的志向。

《庄子·人间世》里讲，孔子游历四方，为寻找实现理想蓝图的机会，来到楚国。楚狂接舆——李白诗中"我本楚狂人，凤歌笑孔丘"那个楚国的狂人接舆——在孔子住处外面吟唱，想点醒他：

"凤兮凤兮，何如德之衰也！来世不可待，往世不可追也。天下有道，圣人成焉；天下无道，圣人生焉；方今之时，仅免刑焉！福轻乎羽，莫之知载；祸重乎地，莫之知避。已乎，已乎，临人以德！殆乎，殆乎，画地而趋！"

凤凰啊凤凰，怎么你就想不通呢？未来无法预测，过去无法挽回。如果天下太平，你是能成就一番事业的；如果天下不太平，你也只能勉强活着。今天这世道，你能免于受刑罚就不错了。福报比羽毛还轻，无处安放；灾祸比大地还重，无处逃避。像你这样拿大道理凌驾于人，不行的呀。认定一个死理，画地为牢，这是找死呀。

接舆讲得有道理吗？有。

孔子听得懂吗？当然。

他会听吗？当然不。他早就想明白自己要的是什么了。

就算是那个时代，也是人人都知道孔子的志向是什么的。《论语》里讲：子路，孔子最勇毅果敢的弟子，清早要进城，叩击城门。守门的人问是谁，答曰孔门弟子。守门人说，噢，就是那个"知其不可而为之的人"啊。弟子把这段对话录入本门经典，自然是认为它说透了孔门的精气神——天将降大任于是人，君子固穷，天命在我不在人。

接舆想开导孔子，自然是讲了也白讲。讲利害的人遇到讲志向的人，就该互道珍重，彼此别过。

如果你也是那种讲志向的人，那么我知道你有哪些缘由：

你毕竟不是站在人马座上的外星人，你站在这里，你站在大地之上，你有你的来处，你有你希望的去处。

你并未生活在利害计算的符号之中，你生活在家国天下的血脉里。

你没有拿着望远镜，也不想假装上帝或观察者，你知道自己在观察的时候也被别人观察着。

你不能超然事外，因为一切都与你有关，你无法独立也做不到就事论事。

谁想变那就变，但你不变，因为你就是不想变，你与自生下来到现在同你血肉相连、难解难分的那个你，产生了生死不渝的感情。

你对自己，也对所有人说：我就这样了，我不变了。吾往矣！

坏消息是，你要准备好被时世淘汰。所以说，孔门之所以两千年来注重养气，是因为必须培养点浩然之气，有点"天命在我"的迂腐和豪迈，才能与自己好好相处。

好消息是，你不一定被淘汰。鹰鸽博弈在每个层次都同时展开，包括我们现在所说到的这一层：按利害计算行动的人多到一定程度，按志向行动的人就有了被环境选择的机会。

"圣人不死，大盗不止。"庄子说得没错，但反过来也成立：大盗不止，圣人不死。孔子的机会是少，但不是完全没有。达则兼济天下，穷则独善吾身。独善的时候多，兼济的时候少，但有点希望就行，他们对此也是知道得明明白白的。

做老鹰还是做鸽子，为盗还是成圣，让利害还是志向驱动自己，在无边无际的现实矩阵中，选择塑造命运，你慢慢来。

# 中庸：在无数端之间自由切换

这一讲，我给你讲中庸。

"中庸"出自儒家经典，中国人将它推崇为最精深的智慧之一。这种级别的智慧都有无数种解释，一千个人有一千个哈姆雷特，一千个人也有一千种中庸。

什么是"中"，什么是"庸"，大儒的解释都不一样。

汉代大儒郑玄说，中是中和，庸就是用，中庸合起来就是用中。什么是"中"，什么是"和"呢？《中庸》篇里讲了，"喜怒哀乐之未发，谓之中；发而皆中节，谓之和"。所以，郑玄的解释大概是指，人本性的释放合乎规律即中庸。

不过，宋代大儒程颐说："不偏之谓中，不易之谓庸。"他认为中庸的意思就是保持不偏也不变，永远正确。不过，又一位宋代大儒朱熹说："中者，不偏不倚，无过不及之名。庸，平常也。"这个比较接近普通人对中庸的理解：凡事不要太极端。不过，明代大儒王阳明又说，"中"指的是天理。

儒家的最高智慧，儒家自己却也没给出个标准版本，全凭个人理解。这倒是给了我们自由，你喜欢哪个就用哪个。

我喜欢的是孟子对中庸的解释："子莫执中，执中为近之，执中无权，犹执一也。"就是说，中庸不是要你执着于中间道路，你执着于走中间道路，以为能由此接近真理，但执着于中间道路而不知变通，跟执着于极端又有什么分别？执一也好，执中也好，都是执。

我认同的中庸之道，不是走中间道路、和稀泥，而是不怕走极端。又不是一走极端就永远走极端不可，而是能撤回来，还能翻转到另一个极端，在极端之间自由往还。

静若处子，动若脱兔。该动就动，该止就止，这才叫中庸；动如乌龟不是中庸，该动时它不好好动，就只是爬得慢而已。

我要提醒你一下，这不是中庸的正解，中庸本无正解。孟子也不是凡俗意义上的中庸之人。"虽千万人，吾往矣"，孟子的中庸之道让他选择了决绝。

前一阵，我跟女儿朵拉一起看 BBC 的纪录片《塞伦盖蒂》（*Serengeti*），发现我博览群书才悟出的这个版本的中庸之道，动物界已无师自通。

大草原上，猎豹妈妈带着三只小猎豹打猎，误入狮群的领地。雄狮冲了过来。

大多数时候，狮子、猎豹两种猛兽井水不犯河水，毕竟彼此都不在对方的食物链上。但雄狮并不介意顺手干掉几只猎豹幼崽，因为双方多少还是有竞争关系的，毕竟狩猎对象是一样的，将来多几张对猎物下口的嘴不是什么好事。

猎豹妈妈完全不是雄狮的对手，它自己跑掉绰绰有余，陆地上没什么动物比它跑得更快。但是，它带着三个娃，自己可以跑，娃怎么办？

生死关头，猎豹妈妈不退反进，朝着冲过来的狮子摆出进攻姿态，发出低吼，露出獠牙。

是进行实时教育的时候了。我按下暂停键，问女儿朵拉：你觉得猎豹妈妈能战胜狮子吗？

不能。

它知道自己赢不了狮子吗？

它应该知道。

狮子知道猎豹妈妈赢不了自己吗？

应该知道。

那猎豹妈妈在做什么？

不知道。

那我就开讲了：猎豹妈妈明知自己不是对手，却还要硬上，不是因为它觉得自己运气好能打赢，也不是因为爱自己的儿女，冲昏了头脑，而是经过了一番算计的。这算计我们第三方看着不好理解，但如果从狮子的角度来看就很好理解了。如果你是那头雄狮，面对这么一头要发疯的猎豹妈妈，你会怎么选择？

朵拉：不想打架了，因为打赢了好处并不大。

对的。这是真真正正的打赢了又不能当饭吃，狮子并不吃猎豹。干掉猎豹妈妈的好处很有限，只是消灭几个潜在竞争对手。可猎豹毕竟也是"大猫"，干掉它，自己也肯定会付出代价，肯定会受点伤，万一伤到眼睛、腿脚这些要害部位，麻烦就大了，不划算。

所以，面对决定拼命的猎豹妈妈，跟它拼命并不符合狮子的利益。

所以，猎豹妈妈其实并没有发疯，而是算准了狮子的利益所在。

讲课结束，我按播放键往下看，果然，雄狮停止前进，伏下来舔毛。猎豹妈妈带着娃逃走。

我又问朵拉，如果猎豹这时候以为是狮子怕了它，不仅自己不走，还要把狮子从它自己的领地逼走，结果会怎样？

朵拉：狮子没办法了，只好干掉它。

是的。猎豹妈妈之所以能在与狮子的对峙中全身而退，并不是它比狮子更强，而是因为它给了强者选择，而强者的选择对它也有利。如果它错以为狮子是纸老虎，得寸进尺，狮子就没的选了，最后大家两败俱伤。这对狮子确实没好处，但对猎豹更没好处：狮子只是受伤，但猎豹会死。

就这样，通过在两个极端之间来回摆动，猎豹给狮子创造出选择：敢拼命，给狮子创造收手的必要性；能退走，给狮子创造不动手的理由。在生死关头电光石火间，猎豹妈妈和雄狮成功地避免了灾难。

世界上有许多事都是两强相遇勇者胜，不管是真的还是假的，你必须让对手相信你真勇敢，才能避免变成输家，哪怕有可能大家一起失算，落得个同归于尽的下场。这是典型的斗鸡博弈。

但是猎豹与狮子的博弈既包含，又不完全是，还超越了斗鸡博弈。说它包含，指的是猎豹先得拼命；说它不完全是，是因为斗鸡博弈往往是双方均势，而这里有强弱之分；说它超越了，是因为斗鸡博弈只是前半部分，好勇斗狠在前半程是对的，但一味好勇斗狠不知止，没有察觉到自己的行为时刻在改变狮子的回报方程式，那就真的是找死。

世界并不是强者通吃的，只要弱者留给强者以选择。中庸不是凡事不要太极端之类的，那不是中庸，是平庸，平庸的话，早早就死掉了。猎豹也得首先拿命去拼，不拼死得更快。猎豹一家能活下来，是因为既无视力量对比去拼命，又尊重力量对比适时退回来，洞悉博弈双方在两个极端之间的回报方程式的瞬间变动，在极端之间自如转换，而不是简单取中，这就叫极高明而道中庸。

其实，不必将中庸之道的运用限制在两端这一种情境，我们完全可以设想中庸之道如何覆盖更加完备的情境。

真实世界何止两端，它更像一个有无数根轮辐的车轮。设想一下，你自己身居车轴枢纽之处，无数根轮辐360度环绕着你，各自向外伸展，每根轮辐便是一端。假如你将中庸之道修炼到极处，便不再只是在两端之间自由往来，而是在无数端之间自由往来，随时切换。

再打个比方，你既不是只有一种颜色，那叫执一；也不是只有两种颜色，那并不够用；而是有无数种颜色，占领着光谱的全部。别人无论是执一还是执中，都是自设藩篱，因此统统被你所制。

别人有什么颜色你都有，相生的有，相克的也有。每次根据需要披上一道颜色，你就把这道颜色打到最高纯度。无论你要与他相生还是相克，他白你可以比他更白，他黑你可以比他更黑。无论别人打出什么颜色，你总是从容不迫，更换自如，弃昨日之我如敝屣。随着你步步高升，颜色层层褪去，露出本色，这就是深不可测的至强境界、不立文字的圣王心法："人心惟危，道心惟微，惟精惟一，允执厥中。"

　　"允执厥中",也就是中庸之道,它被题在故宫中和殿的匾额上,就是这个原因。

　　如果你也感兴趣,可以去读一下《中庸》,不到五千言,咀嚼一辈子。

社会动力学

# 身份政治：爱标签下的人，别爱标签

这一讲，我要讲身份政治。

我们每个人都有身份，有身份就有身份政治，在这个时代，身份正在成为最大的政治。

身份政治给每个自认为是好人的人，带来了很大的困扰，因为它不自洽。身份政治支配下的行为，不以行为本身的好坏来决定，而取决于行为指向的对方的身份。

什么意思呢？它默认对不同身份的人要区别对待。非我族类，其心必异。族群之内是我们，族群之外是他们，我们是自己人，他们是外人，内外有别。在历史上，无论是把这些告诫推行到极处，还是把这些告诫完全置之脑后，都造成过很多悲剧。

有什么好办法解决这个问题吗？

我给你讲讲一个智者为身份政治开出的药方。他曾目睹悲剧，然后受悲剧驱动，终身研究身份政治问题，最终获得了诺贝尔经济学奖。

陌生人满身鲜血地闯进他家花园讨水喝那天，阿马蒂亚·森（Amartya Sen）只有11岁。陌生人受了重伤，躺在地上，森把他的头架在自己腿上休息，并叫来父亲。伤者叫卡德尔·米亚（Kader Mia）。森的父亲是达卡大学的教授，这一年是1944年，这里是英国殖民统治即将终结的印度-孟加拉。

再过几年，当英国人撤走的时候，与整个南亚次大陆一样，孟加拉地区也被分裂成两半，东孟加拉（当时的东巴基斯坦）与次大陆最西边的西巴基斯坦一起，成为独立国家，南亚次大陆的中间部分成为今天的印度。在整个南亚次大陆的最东边和最西边，发生了人类历史上最大规模的一次人口迁移，穆斯林迁入西巴基斯坦和东孟加拉，印度教徒迁入印度。

那天，森家的花园外发生的事是这一切的前奏，印度教徒与穆斯林正在大街上互相残杀。而这一起残杀，不过是那一年里几十起残杀中的一起。森家位于印度教徒聚居的街区，而米亚是穆斯林。在送米亚去医院的路上，米亚告诉森的父亲，他知道今天不该出门，但没办法，他以打短工为生，一天不出来找活干，全家就没吃的。

米亚到了医院，在那里死去。南亚次大陆上，成千上万人死于同样的暴力。

对任何孩子来说，这样的冲击都太过强烈，在阿马蒂亚·森身上，这次冲击驱动了他未来几十年的思考，伴随他拿到诺贝尔经济学奖，最终写出《身份与暴力》(*Identity and Violence*)。这本书是我读过的对身份政治思维最好的解毒剂。

为什么昨天还是邻居、朋友、同事、板球队友、顾客、生意伙伴等多种身份的复合体，今天就只剩下一种身份——穆斯林或印度教徒？为什么身份会驱使人们互相残杀？

每个人都有许多种身份。有些身份是可以选择的，如职业、兴趣、经历；有些身份是不可选择的，如国籍、民族、籍贯；有些身份介于两者之间，如信仰。在有些地方，信仰属于个人选择；在有些地方，信仰不可选择，出生在此时此地，你就被默认有信仰，它会伴随你一生，你如果胆敢重新选择，就会被视作背叛。

身份跟身份之间并不平等，有一些比另一些更重要。现实中我们能看得很清楚：整体而言，往往是越不可选择的那些身份越重要；越是经由个人选择而获得的身份，往往就越不重要。

比如我会下围棋，跟其他下围棋的人互称棋友，这是一个身份；我来自四川，有许多四川老乡，这是另一个身份。

这两个身份平时和谐共处，但如果，强大的外力降临，迫使我的身份复合体走向坍塌时，你猜哪个身份先垮掉？你很难猜错。

最重要的身份是那个能给自己安全感的最小群体，这对绝大多数人来说不言自明，也不需要事先知道，只要自身安全受到威胁，它就突然变得清清楚楚、不容置疑。

人是终极的社会化动物，没有一个人能只靠自己变得安全，安全是始终属于群体的特权。约10万年前，智人走出非洲时，个体安全的最小群体单位是直系家庭；在农业出现以来的一万年间，大多数时候，安全的最小单位是宗族；在亚马孙河流域，外人所不能至的密林中，它是部族；一神教兴起后，它是教会；近现代以来，民族国家兴起，民族和国家变成近义词以后，它是民族，也是国家。

只要安全感消失，人们突然暴露在真实的或者想象出来的生存危机面前时，原本茂密繁盛的身份大树上，枝丫会急速干枯、脱落，露出根本，人们互相提防，党同伐异。

提供安全感的最小群体，可以用另一个画面来解释：当拿着刀枪的陌生人逼近你，问你是什么人时，你只有一秒钟的回答时间，那么，你给的答案就是当下那个给你提供安全感的最小群体，它是暴力的开关，一言而决，立见生死。

风平浪静之时，我是无神论者、四川老乡、北京市民、几所大学的校友、麻辣食物嗜好者、围棋强者、"让我一个人安静不要烦我"主义者、"咖啡与茶不分高下"主义者、轻度怀疑论者、"世界大同虽然是乌托邦但也应该试一试"的支持者等。越是岁月静好，我的身份就越是丰富多元。

反过来说，如果风云突变、环境险恶，我的身份就变得扁平化。不管我愿不愿意降维，只要环境在降维，人就在降维。那些多出来的身份维度，自己不收起来，环境就会给你切割掉。

降维不是匀速，而是个加速度过程，越到后期速度越快。被挤掉的第一个身份是最不重要的，但挤掉它所需要的时间却往往是最长的。被挤掉的倒数第二个身份是极为重要的，但挤掉它只要一瞬间。昨日的邻居今日相互杀戮，便是因为人们终于被挤走了人之为人的那个共通的身份，以保有能获得安全的那个最小身份。漫长的溃散，突然的崩解，同属一个进程。

阿马蒂亚·森说，无论何时何地，煽动暴力的艺术——这事能叫作艺术的话——目的都在于激发人们的生存本能，突出此时此地每个人唯一重要的最终身份，于是，身份与暴力在此合流。你是谁？三个字决生死。

如果不是身在暴力的阴影下，谁会愿意只剩下一个身份？只剩下一个身份后，全世界便只剩下武装到牙齿的我们和他们！单一身份催化暴力，暴力又强化单一身份认同，这是通向地狱的双螺旋结构。现实经常就是这么被它转动起来的。

如果你熟读历史，从古代史到当代史，你不会对此陌生，对它在将来会不会重演也难以抱有乐观态度。但阿马蒂亚·森还是知其难而为之，他给出了三重解药：多重身份，理性思考，个人选择。

多重身份指的是，用身份区隔人这件事既无法消灭，恐怕也不应该消灭，所以，每个人自己要保持并尊重别人保持多重身份，而不是用单一的统治性身份压倒一切，特别是用那种命定的身份压倒一切。

信仰、政治、职业、生于斯长于斯之地，请问哪个身份不重要？它们还只是一些简易标签，身份之下并不是铁板一块，仍然有着丰富内涵。

身份也不是一成不变的。比如公共知识分子这个身份，这些年在社交媒体舆论场上也经历了脱胎换骨的洗礼。

直接挑战这些在当代越来越敏感的问题，阿马蒂亚·森所用的武器是每个人的理性思考和自主选择：每个人都应尽力拒绝扁平化，保有多重身份，而在多重身份中，哪一些在此时此地对他的权重比较高，要出自他的自主思考。

无论生于具有何种信仰的家庭，自己要不要接受这种信仰，不是一出生就注定的思想钢印，而是每个人的自主权利，最好是经过理性思考后深思熟虑的选择。

阿马蒂亚·森进一步推论，要化解由身份政治而生的暴力，不能靠现在的主流做法，仅强调不同身份群体之间要多交往，多相互理解。他认为，这样做搞不好会适得其反，因为其前提是用单一身份来定义群体，反而加剧了单一身份认同在各个群体中的统治力。交往和理解如果是基于两个壁垒森严的群体，那可不是什么好事。

交往和理解要是能缓解身份政治，得发生在保有多元身份的个人之间，尊重每个人的多元身份以及他于具体情境中在多重身份之间的权重分配。

在个人之间，基于个人选择，各种身份互相掺沙子，才能缓和杀伤力。社会生活的维度越多，个人的身份也就越多；社会交流越频繁深入，个人身份之间的混杂就越厉害，社会也就越不容易被割裂。

一言以蔽之，阿马蒂亚·森认为，暴力来自身份降维，要对抗身份降维，就要高扬个人在深思后对身份的自主选择。个人、自由、思考，三个关键词。

你怎么看森的药方？它能不能管用？

我这么看：森的药方只有两个结果，一个结果是它管用，另一个结果是又成为一个乌托邦式的答案。只要大家都认同，森的药方就管用。只要有一部分人不认同，森的药方就是乌托邦。

如果人人都尊重他人保有多重身份，自主选择权重，身份引发的暴力就会灭绝。但只要有一部分人认为这是空想，只要他们认为，现实是另一回事，人们遇到危险还是会狂奔到能提供安全的最小群体身份的保护伞下，所以自己必须抢先跑。只要有一部分人这么想，他们认定的现实就会自我实现。

再告诉你我的选择。

第一，别按森的药方去预测未来。现实由人们的观念所塑造，只要人们的观念还是今天有眼睛的人都能看到的那个样子，按照森的药方去预测未来就注定会错。

但是——

第二，要给森一个机会。你改变不了别人，至少可以改变自己。给人贴标签这事避免不了，但你自己不要只给人贴一个标签，而且这个标签一贴上就永不再变。

每个人都有很多层标签。汉娜·阿伦特（Hannah Arendt）说，我从未爱过任何集体，我爱的全是个人。套用这句话，愿你我所爱所恨的不是一个身份，而是有很多层次的身份的那个人。

不论接纳还是排斥，请针对个人，不要动不动就上升到群体。不要主动地逼别人只留下一个标签，对那些逼着你只保有一个标签的环境保持警惕。这些东西要坚持到底很难，但做起来不难。给别人一个机会，也给自己一个机会。

# 对人不对事：只为你赴汤蹈火

这一讲我跟你讲做人做事。这有两派，一派是对事不对人，一派是对人不对事，你支持哪一派？

年轻的时候，我以为对事不对人才是对的、公正的。现在经历渐丰，我反而觉得，对人不对事更合理但也更难做到。

对事不对人也好，对人不对事也好，都是聚焦思维、简化模式。世界那么大，事情那么纷乱，人心那么复杂，我照看不过来，那就只看我最有把握最重视的那一点。

所谓对事不对人，就是不管人的好坏，只看事情的对错。所谓对人不对事，就是不管事情的对错，只看人的好坏。聚焦一处，放掉另一处。

对事不对人是一种极端现实主义的态度，我现在与它渐行渐远，是因为我发现它表面上主张客观公正，实际上只是短期机会主义。你不管他是好人坏人，你只管他做的事你认不认可，约等于只管你与他在这件事上的利益是否兼容。如果认可，如果兼容，你们就结成同路人，往前一起走一段路。

但对事不对人有个问题。《韩非子》里讲得很明白：

"田伯鼎好士而存其君，白公好士而乱荆，其好士则同，其所以为则异。公孙友自刖而尊百里，竖刁自宫而谄桓公，其自刑则同，其所以自刑之为则异。慧子曰：狂者东走，逐者亦东走，其东走则同，其所以东走之为则异。故曰：同事之人，不可不审察也。"

理解一下韩非的警告：

虽然做的事表面上一样，但做事的那些人和驱动他们的逻辑完全不同，所带来的后果也不一样。同样是喜欢交结豪雄、延纳贤才，有人用来卫国，有人用来篡权。同样是自残，有人为国忍辱，有人为了富贵进身。神经病在街上乱跑，追神经病的人也在乱跑，都是乱跑，道理不同。

韩非的警告并不是致命一击，如果把对事不对人这件事想透了，其实也能消化：能一起走一段就走一段，能走多远那得看下一件事到来的时候，你们是不是还互相认可看法，兼容利益。这段路一起走也好，到下一个路口相互捅刀也罢，It's business, nothing personal，都是在商言商，没有个人恩怨。大家随时搭伙，随时拆伙，谁也别多想。

相比之下，对人不对事与其说是一种策略，不如说是一种愿望。它希望在形形色色的观点和林林总总的利益下，人还能保持本色，而本色比观点和利益更靠得住。观点可能一时糊涂，利益可能暂时分岔，但本色还是同一个人，而且这个人是可以信赖的。

你对事没信心，但对他这个人有信心。你跟他的兼容度，肯定得不到满分，你与他不一定每个观点都相互认可，每件事都利益一致，但你吃亏也吃亏不到哪里去。跟对事不对人那一派不同，那一派是这一路 100 分，下一程搞不好就是 0 分；对人不对事，如果你幸运地遇到了对的人，得不到满分，但也永远不会是 0 分。

对人不对事，对事不对人，当两者相遇时，总是对事不对人占上风，因为前者还有一丝柔软，后者都是铁石心肠。

所以跟常识相反，对事不对人可不是什么公正无偏，而是机会主义；对人不对事也不是什么裙带主义，只是属于那种对人还保有一丝天真，因此时常被侮辱与损害的弱势群体——因为还存希望，所以易受损害。

对人不对事这件事关键是得看准人，但人这东西谁能看得准？对人不对事这一派的死穴就是看不准人。要是你对人不对事，遇到的他却是对事不对人，结果就是你把人和事统统输掉了。

我没法告诉你怎么识别人。识别一个人的能力倒是不难，能力大多数体现在其简历里，不在简历里的，你也能拿工作去检测。但识别一个人值不值得你跟他对人不对事，就不存在一个普遍靠谱的方法。历史教科书已经写满教训。

对事不对人之所以盛行，原因在于这个模板它容易操作。不计过往，不想将来，只观测眼下的可观测的时段。对人不对事则没有模板，难以操作，看人品，看运气。

我能告诉你的是，如果你运气好，已经与值得你跟他对人不对事的人相遇，一定要特别珍惜。只有你和他都是对人不对事，你们才能相互谅解、不被意见和利益分歧左右，走上共同繁盛的长路。这种际遇可遇不可求，千万要珍惜。

举个例子，做早期创业投资的投资人，在寻找值得投资的创业者时，都谨记着两句话：第一，人是靠不住的；第二，投资就是投人。

两句话针锋相对，但都正确。绝大多数投资者都会陷在悖论里不能自拔，只有一流的投资人才能穿越悖论，在慧眼和运气的同时加持之下，发现那些靠谱的创业者，不离不弃，失败一次，换个跑道再来，最终相互成就。

我还要提醒你，对人不对事不能滥用，否则会掉进一个最大的陷阱。有些人往往将它用于照顾集体内的人，结果变成人以群分，接下来便是"非我族类，其心必异"。只看看对方身上事先被贴好的标签，就决定了彼此如何对待对方，这个陷阱几乎是必然的。上一讲说的身份政治，就是这种悲剧。

想象一个极端的场景：

在这个场景里，环境险恶，宛如黑暗森林，人人互相提防，互相伤害。那么，第一个寻求与他人合作的人是怎么活下来的？

假设 100 人的世界里，99 个是恶人，剩下的那个人怎么可能是善人？如果他是善人，他早被恶人弄死了。

一个善人要活下来，至少需要另一个善人存在。两个善人彼此靠拢，相互温暖，形成坚强的小宇宙，借此远离坏人，在自己的天地里慢慢生长，直到坏人结束彼此互害，同归于尽，善人最终等来属于自己的胜利。

问题是，一个善人怎样才能找到另一个善人？

进化生物学里有个说法叫"绿胡须效应"，描述了一种极端情形：如果所有人都长着黑胡须，只有两个人偶然长着绿胡须。绿胡须是如此独特如此醒目，所以两个人在芸芸众生里很快能够识别出对方，走到一起。

绿胡须这东西如此肤浅，当然不能决定什么，这两个人仍然可以走向互相伤害、彼此出卖。但世界中的无数次相遇，总有一些时候，命运会让他们选择彼此信任、相互合作，于是便有了光，再后来有了一切。

"绿胡须效应"描绘的是最基本的情形，现实并不全靠命运的随机安排，还有更靠谱、凝聚力更强的标签——血缘、邻居、同道等。我们跟亲人、朋友、邻居更能合作。人分亲疏，爱有差等，"君君、臣臣、父父、子子"，政治秩序与血缘人伦相互嵌套。合作秩序层层外扩，渐次笼括家，国，天下。

自然生发的也好，人为制造的也好，各种标签将人们彼此区分开来。正是因为有了与异类的区分，才使合作在同类之间得以从无到有，同时造就了同类与异类之间形形色色的界限：没有篱笆就没有篱笆之内的合作，有了篱笆却又限制着合作向外的扩展。

77 亿人共存于今日世界已经是合作秩序造就的伟大奇迹，而人群之间却为了任何合理或不合理的原因彼此相攻，有时用"批判的武器"，有时用"武器的批判"。[1]"我们"与"他们"之分是无解之心结。对人不对事，是进化对我们的护佑，又是留给我们的诅咒。

最终，你我所能期望的，是与陷阱共存。使我们脱离陷阱的解药，来自今天的洞察：虽然我们注定不能，也不应该摆脱群体标签，但要时时记住，"对人不对事"里的这个"人"，不能只是作为群体的人，必须还是作为个体的人。我不愿为标签赴汤蹈火，我只愿为你赴汤蹈火。

---

1 马克思在《〈黑格尔法哲学批判〉导言》中写道，"批判的武器当然不能代替武器的批判"，"批判的武器"指科学理论，"武器的批判"指实践斗争。——编者注

这一讲我给你推荐的书是《行为：暴力、竞争、利他，人类行为背后的生物学》(*Behave: The Biology of Humans at Our Best and Worst*)。

# 宽容悖论：打三个补丁

这一讲我想跟你聊的话题是宽容。

宽容是多元化社会的标志之一，也是一种个人美德。"水至清则无鱼，人至察则无徒。"讲底线，大家生活在一起，不能强求一致，得相互忍耐：听不惯的东西你就别听，看不惯的事你就别看，不该管的闲事你就别管。这样才是和谐社会，多元包容。

但宽容不是越多越好，它有个悖论：过于宽容的话，宽容会消失。

哲学家卡尔·波普尔（Karl Popper）说，如果连不宽容都宽容，如果在不宽容攻击宽容社会时仍然选择宽容不宽容，而不是保卫宽容社会，那么宽容就将被消灭，被不宽容所取代。极致的宽容会导致不宽容。这就是宽容悖论（Paradox of Tolerance）。

宽容悖论导致宽容同时招致来自右边和左边的攻击。

来自右边的攻击说：原来你是个伪君子！说得那么高尚，说到底还是要搞不宽容。太虚伪了，表里如一还得看我们，看不惯的一律不宽容。我们这里就不存在悖论。

来自左边的攻击是这样的：既然对不宽容必须不宽容，才能保卫宽容，那就得在面对所有不宽容的时候都回报以不宽容，任何时候都不能姑息仇恨的、种族主义的、排外的言论和行为。

其实，回答来自两边攻击的问题本身并不难，只把不宽容当作最后的救济手段即可，这就是给宽容打的第一个补丁。当代道德哲学大家约翰·罗尔斯（John Rawls）说，必须坚持宽容，因为不宽容的社会不值得维护，我们应该坚持宽容，直到再也坚持不了为止。

什么时候会坚持不了呢？

波普尔说，只要不宽容与宽容之争还是思想市场上的竞争，还是思想、理论与主义之争，社会就应当对不宽容保持宽容。

可惜事情并不总是这样，因为不宽容的一方并不总是愿意在思想市场上竞争，他们可能会反对一切言论，转而用拳头和枪来回应争论，因此必须对不宽容保留不宽容的权利。

波普尔、罗尔斯都是大思想家，研究不同的思想方向，但在要不要宽容这个问题上达成了一致：社会必须宽容。也因此，必须与"宽容搞不好便容易走向自我毁灭"这一现实共存，在必要、紧急之时打上不宽容的补丁。

套用马克思的二分法，"批判的武器"与"武器的批判"，如果宽容面对不宽容，对方使用的是"批判的武器"，那么应当保持宽容；如果对方使用的是"武器的批判"，那么应当坚决切换到不宽容，以不宽容对不宽容，以"武器的批判"对付"武器的批判"。不这样不行，不然"批判的武器"遇到"武器的批判"时将不堪一击。

道理这样讲可以，但现实没有这么友好。

现实当中，当宽容遇到不宽容时，往往无法如此从容。宽容大多数时候并不是打上风球，能从容选择应对不宽容的策略。大多数时候宽容是在打下风球，是少数派，被不宽容所包围所压制，并无从容选择的空间。

现代社会公认应当政教分离，鼓励政党政治与文官系统切割，主张族群身份与政治竞争脱钩，这是在经历无数教训之后习得的经验——得把那些倾向于不宽容的东西跟权力隔开。

这就是给宽容打上的第二个补丁：首先就不能让不宽容占到上风。毕竟不宽容在理论上更自洽，思想上更纯洁，手段上更放得开，等它占了上风，宽容与不宽容的斗争实际上已经结束了。要想启动对不宽容的不宽容，程序得前置，等到人家占了上风，开始了"武器的批判"，再行动起来，那就晚了。

这样的两个补丁其实还不够，宽容主义者还得有第三个补丁。

现实主义政治学家迈克尔·沃尔泽（Michael Walzer）在《论宽容》（*On Toleration*）中讲到，西方现代自由主义社会有种现象，在其中生活的许多少数族群中，有些人是不宽容的。

他们坚持特有的语言、习俗、信仰，默认族群中人天然地必须接受这一切，不然就会被视作叛徒，而那些偏离族群"核心价值观"的人，当被放逐出群。对外，他们要求社会给予本族群以特别对待，将这些不宽容的观念和行为视作自古以来不可分割的族群文化，要求社会予以尊重和宽容。

沃尔泽认为，如果社会足够强健，问题就还不大。如果社会能坚持将权力与各种倾向于不宽容的力量脱钩，那些在少数族群中成长起来的人如果要在自由社会中立足、上升，迟早要习得这个社会的关键属性。首先就是宽容，一步步由表及里，弄假成真，最后混同到仿佛这些属性是他们本来就有的一样。

我只能说，沃尔泽的乐观预言并不必然发生。单看过去 100 年来的现代史，就已经发生足够多的起伏。当现代化突飞猛进，全球化势如破竹时，沃尔泽的预言看上去就是真的，世界在变平，不宽容在宽容的拥抱中一点点融化。反过来说，当现代化受阻，全球化跌下神坛，转而变成众恶之源时，世界就会起皱，到处都坑坑洼洼，不宽容的大旗将重新树起来。不宽容的少数群体在宽容社会中的命运，并不只有走向宽容这一个方向。

宽容主义者还必须正视《黑天鹅》（ *Black Swan* ）的作者纳西姆·塔勒布（Nassim Taleb）提出的问题。他在新书《非对称风险》（ *Skin in the Game* ）中做了一个推论：一个社会中，只要少数派足够死硬，只要其人数多于一个很低的临界点，比如说10%，那么，它将来变成多数派的进程就几乎是不可逆的。

他举的例子是族群扩张。

假如存在两个族群，一个族群由下一代自由选择身份认同、信仰和生活方式，另一个族群只要父母有一方属于本族群，那么下一代就默认属于本族群，天然接受与族群身份一并而来的全套信仰体系和生活方式，且永远不能脱离。也就是说，两个族群之间只存在单向流动的可能性，那么，塔勒布说，只要不宽容的族群人数没有少到只能自生自灭的程度，它成为多数族群就只是时间问题，而那时，它将不会宽容那些主张宽容的少数族群。

塔勒布是根据极简的前提做极粗糙的推导，现实中不可能这么顺畅，少数族群的自然扩张随时可能因环境的变动被打乱重来。但它对宽容主义者揭示了一个真实的挑战：即使在观念市场的竞争中，宽容对不宽容也并不必然占优势。在塔勒布所描绘的情境中，更是表现为先天不对等的巨大劣势。

近来看到一位持宽容世界观的自由主义者的回忆，他是一本杂志的总编辑，在自己的刊物上发表了另一本刊物的总编辑的文章，后者持的是极端主义。他为什么发表极端主义者的文章呢？因为他认为思想市场应当鼓励竞争，真理愈辩愈明嘛。文章发表之后，他对极端主义总编辑说，现在你的刊物能不能发表我的一篇文章？

极端主义总编辑对他优雅地鞠了一躬：我尊重您的价值观和选择。现在，请您也尊重我的价值观和选择。

当宽容遇到操着熟练宽容语法的不宽容时，就会这样吃了亏还输理。所以，它需要至少再多一个补丁——以牙还牙，以眼还眼。无论在观念中还是战场上，都得以宽容对宽容，以不宽容对不宽容。

这一讲，我给宽容打了三个补丁，它们之间的关系不是并列而是层层递进的，发现前一个补丁不够管用时，我们就打个更大的，如是者再。

第一个补丁是说，对思想要宽容，对不宽容支配下的暴力要不宽容；第二个补丁是说，对不宽容的不宽容得前置，不能等到不宽容占了上风才行动；第三个补丁是说，什么时候与不宽容相遇都要对它不宽容。

问题是，主张宽容的人一层层依次打完这三个补丁之后，还剩下多少宽容？如果只看行为，他的行为与他所反对的不宽容，在表面上还有多大差别？

宽容很难做到，并不是说我建议你选择那条容易走的路，勿因自洽、纯粹、单一这些快捷属性而选择那条不宽容的路，那条路通向黑暗。宽容免不了要打补丁，但什么时候打补丁、打多大的补丁，今天说的千言万语提炼成三个字：

看情况。

它取决于你于那个时刻在那个环境中的具体抉择。选择宽容，就是选择一条光明之路，并选择与光明一同到来的层层纠结。在这些纠结面前，在选择宽容立场、正视宽容悖论之上，最终还得你个人做出选择，而这就是属于你自己的自由。

祝你获得自由。

这一讲，我给你推荐沃尔泽的《论宽容》。

# 公平：实力说话

这一讲我们来讲公平。

公平这件事太难实现。美国经济学家肯尼斯·阿罗（Kenneth Arrow）在《组织的极限》（*The Limits of Organization*）这本书中引用了一位犹太教拉比[1]的天问：

人不为己，谁来为我？人不为人，还算是人？（If I am not for myself, then who is for me？And if I am not for others, then who am I？）

跟许多人的想象不同，经济学家更关心公平问题。近来连续看到两本出自诺奖得主的书，一本出自阿罗，一本出自阿马蒂亚·森，相隔几十年，书名完全一样，都叫《伦理学与经济学》（*On Ethics and Economics*）。毕竟这世上不存在与分配无关的生产，不关心分配以及与之相伴的公平问题的，不是好经济学家。

---

1 意为"老师""先生"。——编者注

只有一个人的时候，谈不到公平；有一群人，但如果他们纯粹是敌人，也谈不到公平；只有一群人要合作的时候，才谈得到公平。

达成合作的前提是有合作的空间，也就是一方愿意接受的最低条件与另一方愿意出的最高条件之间有交集。这两个条件就叫底价，一般藏在心里秘不示人，但底价不是所谓的心理价位，而有其客观依据。经济学家把它叫作机会成本，谈判专家把它叫作 BATNA（Best Alternative to a Negotiated Agreement，最佳替代方案），也就是假如合作谈不成时的最优选择。不管叫什么，指的都是同一件事：要达成一致，双方至少各自要拿到底价，否则不如不谈。

两个底价之间的交集，即买方的最高价超出卖方的最低价的那段区域，是这宗交易创造出来的额外收益，是双方共同做出来的蛋糕。谈得成就总比谈不成好，这句话永远正确，因为它是能自证的：谈成了，双方就一定是凭空把一块蛋糕给做出来了。

问题是，双方各自拿走底线利益之后，余下来的那些蛋糕怎么分才是公平的？做蛋糕是正和游戏，分蛋糕却是零和游戏。零和游戏就是你多我少，搞不好变成你死我活。这时候，在这里谈公平，该有多难，可以想见。

平分怎么样？

　　这是人们通常会想到的第一种分法。既然缺少任一方都做不出蛋糕，那剩余的蛋糕就平分。我把这叫作海盗分配法：合作所得，见者有份，平均分配。连海盗都这么分，可见它多么公平。

　　但是，人与人不同，最简单地说，交易双方往往是一方比另一方更有钱，同样一块蛋糕对双方各自的效用也不同。100块钱能救穷人一命，富人则眼睛都懒得抬一下，效用不同使然。比尔·盖茨就不应该去捡地上的100美元，不值得。交易发生之前双方就有的初始差别并不独立于交易，它贯串始终，影响到当前的交易，于是催生了第二种分法——

　　不按绝对值，而是按照效用分配。我把它叫作纳什分配法，它出自诺贝尔经济学奖得主约翰·纳什（John Nash）。这种分法认为，应该在均衡点上分配，均衡点的意思是，偏离这个点为任一方所增加的效用都小于另一方损失的效用，从而导致总效用损失。

　　很不幸，按照纳什分配法来分，问题又换个方式出现了：客观上，富人往往会变得更富，因为即便达成交易，平等地满足了富人和穷人各自的效用需求，也会使富人从蛋糕中分到的绝对数量更多。因为与穷人相比，富人需要分得更多的蛋糕才能获得等量的效用。稳定的市场经济总是倾向于扩大社会的财富差距，也是这个道理。

这事还有更深一层麻烦。许多时候，富人、穷人双方的诉求加起来超过了蛋糕的总量，不够分，又该怎么办？

一种分法是，分配时，穷人和富人同时开始，但不同时结束，好比同时往两个杯子里倒水。穷人诉求低，杯子小，富人诉求高，杯子大。同时注水，穷人的杯子满了就不再往里倒，继续往富人的杯子里倒，直到水倒完为止。

富人分得多，但诉求没有得到充分满足，穷人分得少，但诉求完全得到满足。"天之道，损有余以补不足"，我把这叫作天道分配法。

另一种分法则反过来想：富人诉求高，穷人诉求低。如果把诉求当作给定的基准，那么，跟富人较高的诉求相比，分配会造成预期损失，有损失就要平均分摊，所以穷人也要分担富人的损失。

如果富人的诉求够高，穷人不仅分不到多少蛋糕，甚至有可能分到"负蛋糕"，也就是倒欠富人一笔。这就是所谓"二次分配加剧贫富差距"，这种事在现实中可并不是不存在的。"人之道则不然，损不足以奉有余"，我称为人道分配法。

海盗分配法、纳什分配法、天道分配法、人道分配法，这些分法都还算是直面现实差别。结果无非是两个，一个是加剧差别，另一个是消除差别。两个结果都有可能引发剧烈反弹，不是穷人反弹，就是富人反弹，所以反过来催生了逃避现实的分配方法。

比如，先到先得分配法：谁先在正确的时间出现在正确的地点，就先满足谁的诉求。它有公平的一面，按时间取齐，给分配注入随机性；也有不公平的一面，时间对不同的人价值不同，时间最不值钱的人能分到最多。总的来说，它靠损失效率换取了形式上的公平。它对输家说：谁叫你来晚了？

再比如画饼分配法，把现实的分配转换为对未来的希望：既然蛋糕不够分，那就先留着不分，让它继续变大，等到够分配时再分。

多年前，我听冯仑说过跟朋友一同创业的经历。他说，企业好比是匹羊，要是各自把羊腿扛回家就散伙了，只能让羊腿继续长在羊身上，大家一起看着，谁也不许下手拿。当然，搞得不好，这种分法使大家把过多的精力用于看紧彼此，影响了把蛋糕做大。效率受影响，很累还容易反目。我看后来冯仑和他的朋友都单飞了。

总之，公平就两个字，写法却有太多种，那些最聪明的家伙洞悉所有写法，每次都用对自己最有利的一种，下次再换，每次都头头是道。"后悔创业""996 福报"，种种逻辑召之即来挥之即去。谈不上错，因为公平确实不止一种写法，他们只是转换得太过自如，见人说人话，见鬼说鬼话。

所以，最后给你介绍一种我认为特别公平也有操作性的分配法，它出自诺贝尔经济学奖得主劳埃德·夏普利（Lloyd Shapley）。

分配之前你先问问自己：我有多重要？我是不是关键人？

如果做一件事需要大家都同意，但凡有一票反对都不行，那么最后一票特别重要。钉子户就是要拿这最后一票，做关键人，拿到最大利益。

假设现在有四个人，对这四个人来说凑齐一桌麻将的总价值是 100。打麻将三缺一不行，那无论谁是最后一个上桌的关键人，其钉子户价值都无限接近 100，因为缺了他不行，难道让他独吞全部价值？

夏普利说不。打麻将只要凑够四个人，谁来打都行，缺了谁都不行。这种情况下，每个人都有同样的机会当关键人，那么就应该平分关键人价值。

打麻将只是一种极简情境，但可以推广到所有通过合作创造价值的情境中。关键人要拿走最大价值，但如果关键人不止一个，或者在某些组合中是关键人，在另外一些组合中又不是。大多数时候总是有些人比别人更有实力，但也不是注定离了谁就绝对不行。那么怎样分配？

这时你需要计算夏普利值（Shapley value），它有三个条件：

第一，在做蛋糕的所有组合中都不带来边际贡献的参与者，其夏普利值为 0。这个好理解，如果在所有可能的组合中缺了你都可以，那你就完全不关键，绝对没价值。完全竞争市场上的参与者，其夏普利值就接近于 0。

第二，同理可推，在所有组合中边际贡献完全相同的两个参与者，其夏普利值也相同。如果只有四个人，那么这四个人凑齐一桌麻将的边际贡献相同，关键程度是一样的，所以夏普利值也相同。

第三，参与者的夏普利值之和等于合作的总价值。就是说，在合作所需要的全部可能组合中，你做关键人的比例，与其他人做关键人的比例，加起来等于 1。

满足这些条件，夏普利值按照你在所有可能组合中当关键人的比例来分配。如果在任何情境中缺你都不行，缺其他人却行，那么你拿走全部蛋糕。反过来也一样，如果任何组合缺了你都行，你就啥也拿不到。缺你不行的时候有多少，你就拿走多少蛋糕。

从夏普利值的视角来看，答案就清楚了。你有什么价值，不在于你有多少资源，不在于你有什么历史贡献，而只在于一点：在合作的所有可能组合中，有多少是缺你不行的？这就叫作实力。

公平不公平，不在于那些见人说人话，见鬼说鬼话的大玩家们说什么，只取决于你的实力。实力造就公平，这本身相当公平。

理解了夏普利值，你就能用它来反观现实。

我们来做道题吧：一家大型上市公司的管理权掌握在强势管理层手中，股东想出售股权，两家竞争力相当的 PE（private equity，私募股权）公司来竞购。只知道这些条件，你来算算，怎么分配这宗交易带来的利益？

首先，控股权出售这件事，在中国的社会现实中，股东或管理层都不能说有绝对的一票决定权，但都有事实上的一票否决权。两家 PE 公司则既没有决定权，也没有否决权，缺了它们中的哪家都可以，但同时缺了它们两家，生意就没的做了。

算一算可知，四方有 24 种组合顺序，只有在其中 4 种组合中，PE 公司是关键人，每家 PE 公司各有两次是关键人。于是，蛋糕理论上应该这样分配：股东拿 5/12，管理层拿 5/12，两家 PE 公司各拿 1/12。当然，赢得交易的那家 PE 公司会拿走对手的利益，变成 1/6。就只有这么多。如果资本不稀缺，就只能拿到这么多。

最后，我推荐你阅读《伦理学与经济学》，阿马蒂亚·森和肯尼斯·阿罗在这个题材上各写了一本书，我建议你都去读读看。

# 事实 : 共识先于事实

这一讲我要讲的是：事实，是一种社会构造；被公认的，才是事实。

这事可以往坏了说：事实不是坚不可摧的。这事也可以往好了说：虽然没有共识就不存在事实。但反过来说，为了挽救事实，一个社会必须先有共识。

事实有许多层次：我们熟知的事实、科学事实、社会化的事实、哲学考察中的事实。

我们熟知的事实，是为常识。

早上起床，打开窗户，迎接阳光，走上大街，坐上地铁，来到办公室，与同事打招呼，打开电脑，开始工作。我们的所有动作，我们的所有感知，都与环境如此契合，这个世界仿佛是为我们而存在的。我呼吸，就有空气被我吸入；我伸出手，就有事物被我触摸；我睁开眼睛，就有色彩被我看见。这是最贴近我们的事实、最真切的事实，对许多人来说，也是终其一生都在其中的事实。

对大多数人来说，有常识就够了。常识大多对应着我们的五官观察和直觉反应，因此往往被默认为本该如此，永远如此。它同时也是粗糙的、不精确的。它不是显微镜，比较像铜镜，有时像哈哈镜。

科学家则不然。跟普通人不同，在理论的指引下，在恰当工具的帮助下，科学家看得到另一层事实：

刚才讲的同样的一系列过程，被还原为一堆原子到分子到生物体的聚合，在力学原理、热力学原理等描述的框架中做相应的运动，与环境产生能量交换。

科学事实常常是常识的延伸和深化，它不一定反对常识，只是看得更"深"一层。比如眼睛看到的是色彩，仪器看到的则是光谱，不一样虽不一样，却也不太冲突。也有不少时候，科学事实很反常识，比如量子力学实验里那只薛定谔的猫，在被观测之前，它既是死的又是活的，只在被观测的那一刻进入死或者活的一种状态。在现实的宏观尺度中，这是不可想象的。

随着一代代人的成长，最早属于反常识的科学事实也可能会飞入寻常百姓家，成为新一代人的常识。今天人人都知道地球是圆的，尽管我们的眼睛无论往哪个方向看地平线都显得很平坦。两个不同重量的铁球同时落地，已经成为家喻户晓的知识。至于哪些科学事实会变为常识，依科学进步、教育普及程度而定。

常识在哪里结束，科学事实从哪里开始，边界永远不会划得清清楚楚，也不会一成不变。

社会化事实则存在于社会交往关系之中，它表面上有其客观性，但客观性又非常稀薄。

假设我与你之间有一系列可观察、可定量的交往行为，但我与你之间究竟是何种关系，并不取决于这些交往行为本身，而只取决于我和你对这些行为各自的看法。这些看法来自并储存在你我的大脑黑箱里，难以观察，难以定量。

同样一组行为，在一方看来是出自善意，在另一方看来则能引发猜忌，这样的事情发生得还少吗？今天的中美经贸关系，表现为每年约 5000 亿美元总额的贸易行为。贸易行为之所以发生，本来是因为你情我愿，又不是强买强卖。但中国人、美国人，对这同一种贸易关系的看法，确实就发生了戏剧化的不同，而看法不同导致了激烈的政策冲突。

可观察可定量的行为不重要，难以观察难以定量的看法才重要。这是社会化事实的本质。

如果从社会化事实再进一步，放到哲学家的视线里，那么无论是常识、科学事实，还是社会化事实，没有哪一层事实经得起怀疑论的考验。

　　我怎么能确定所感知到的这一切是"真实"的存在呢？感知一层层穿透下去，有没有一个"真实"实体在最底下为感知到的一切做最后支撑？还是说不存在任何实体，感知就是一切？

　　古人曾以为大地是由巨龟托着的，那巨龟下面由什么托着呢？还是巨龟。再下面呢？还是巨龟。你可别再问了，再问就是一层层的巨龟托着，无穷无尽。

　　我们对世界的认知好比洋葱，层层剥到底，并没有什么最后的坚硬内核，全是洋葱皮。庄周梦蝶，蝶梦庄周，梦境层层穿透，哪一层才是"真的"？电影《盗梦空间》（Inception）中，还有陀螺提醒人们哪一层到了底。现实中则不存在梦境陀螺这种神器。

　　每个时代，人们能接受的事实都有很多层，每一层都像一张比萨，是堆积着常识、科学事实、社会化事实、哲学反思的混合体。这还不是全貌，比萨一层层堆积起来变成千层饼，对每一层事实混合体的看法，构成上一层事实混合体的基础，层层叠加交错，构成一个关于事实的矩阵。

　　面对如此层层叠叠、纵横交错的千层饼，你还想到哪里去找客观？

　　人们之所以总想着要客观，是因为常识中似乎存在着客观。人们普遍相信，一件事情发生了，只有一个真实的版本，真的假不了，假的真不了。但今天讲的事实千层饼模型已经击碎了朴素的常识。

而且，就算是在常识世界里，一件事从发生到结束，确实存在着唯一的所谓"客观"的版本，人们仍然可以就"事实上发生了什么"发起千头万绪的挑战。争论总是发生在人与人之间，事实也许只有一个，对事实的理解却可以有无数个，它们构成了社会化事实。社会化事实对常识事实，那是想什么时候干预就什么时候干预，想怎么干预就怎么干预的。客观不绝对。

如果说，这世界上还存在着许多公认的事实，那不是因为事实客观得让人无话可说，而是因为人们还有共识。

所谓共识，就是不要你说常识，我讲科学，你讲社会，我讲哲学，大家彼此有个默契，能就事论事的时候就不要在事实的千层饼上下前后左右地来回打转。坚持来回打转的话，你总是可以持续下去的，但那样事情就没有了出路。如果还想找到出路，大家就得形成起码的共识。

之所以还可能有共识，是因为持有不同版本事实的各方知道，不能光指望事实使争论停下来，因为各有各的事实。争论最终停止于妥协，而妥协出自分寸。同处一个社会、一个竞技场、一个篮子中，你我都需要知止，不然大家的鸡蛋迟早都会碎掉。

儒家经典《大学》里说："知止而后有定，定而后能静，静而后能安，安而后能虑，虑而后能得。"知止才有接下来的一切。"杠精"永不会被另一个"杠精"消灭，他只会被自己消灭。

如果不知止，放弃分寸，不肯妥协，就不会有共识，那样的话，事实也会消失。

许多人相信，只要资讯通畅透明，事实就会水落石出。不尽然，资讯通畅透明是好事，对事情有帮助，大多数社会的资讯也有待进一步通畅和透明。但我们可以想象，即使在资讯透明的社会里，事实照样可以宛若不存在。对这一层事实的看法，构成下一层事实本身。就像夫妻吵架的起因渐渐不再重要，而重要的是夫妻在吵架这件事本身一样。他们如此这般看问题这件事，本身成为更坚硬的事实。人是社会化动物，只会制造社会化事实。

社会共同体要挽救事实，唯一的救赎在于共识，而共识的前提在于相信：相信你我并非不共戴天的死敌，相信还有比坚持各自的事实版本更重要的事情，相信未来还有希望，所以没有必要在这里就耗尽彼此的能量。

如果我们有幸在共识的护佑下，那么你有一事实，我有一事实，彼此存异不求同，也不赶尽杀绝，最终才能产生交集。这交集落在何处并不固定，它永远在迁徙之中。那些极少数的天才思想家、政治家会找到它在那个时代的落脚处，提炼出这个社会合成的事实，并以它为支点，撬动社会。

最后归纳一下，这一讲，我们讲了事实出自共识，没有共识就没有事实。

# 小概率事件不可阻挡

这一讲，我讲一个特殊情景中的悖论：小概率事件不可阻挡。

如果得到一个结果要很长时间，经过很多环节，那么在那些身处其中的人与那些从外面观察的人之间，往往会出现巨大的认知差异。

从外往里看的人倾向于认为，获得结果的可能性很小，毕竟要经历那么长时间，那么多环节，处处都是变数。身处其中的人则往往感到一股压倒性的力量，反对它的人，往往因此有无力对抗的浓浓宿命感；支持它的人，则自我感觉坐在了隆隆向前、碾压一切的历史火车头里。

谁对谁错？

先看看这差异产生的基础。

假如我先告诉你，一个结果实现的可能性不到2%，再告诉你它几乎是必然发生的。你觉得可能吗？

理论上不可能，现实中则有可能。现实中如果只有一步也不可能，但如果分步完成，就有可能。具体是这样的：

假设达到一个目标需要通过 10 个步骤，每一个步骤顺利通过的概率都是 2/3。那么，假设每一步相互独立，则达到目标的成功率是 2/3 的 10 次方，约等于 1.7%，小概率事件，可以忽略不计。

但是，在通过每一个步骤时，都有 2/3 的概率也就是压倒性的力量支持你往目标前进。单独看每一步，通过派都是必胜的。如果每一步都赢，步数再长，也能一步步碾压过去，直到目标必然实现。

以下围棋为例，下一盘围棋，步数多的时候能超过 300 步，最多的时候甚至会超过棋子的数量。但围棋这种游戏却是强者恒强，上手始终压制下手，翻船的时候极少。只听说过"足球是圆的"[1]，没听说过棋子是圆的。

观察者从外部看，容易关注到的是全部链条之长，纸上算出来是 1.7%；身处其中的人则会切身感受到每一步的力量对比。支持者的信心和反对者的无力感，都来自实战中的动力学。

华尔街上的早期股票大作手利弗莫尔说，股价总是沿着

---

1 足球运动中的常用语，指在球场上什么都可能发生，未到最后一刻不轻言胜负。——编者注

最小阻力线运动。真实的社会运动一样会朝着阻力最小的方向前进。1.7% 的成功率是正确的算术，但社会运动看当下的最小阻力线所指示的方向。你有 2/3，就往前碾压那挡路的 1/3，每次都是如此。

更何况，现实非常势利眼，对赢家总是比对输家更宽容。你是强者，做上手，居高位，那就没什么能要求你必须匀速通过每一关。能通过就快速通过，不能通过就蓄蓄势运运气，有把握了再通过。哪怕试了一次没能通过，往往关系也不是很大。"下次再来"这句话只属于强者，弱者可没有这么奢侈。强者通过每一关，只需要赢一次，弱者要守住这一关，却得次次都赢。

现实非常势利眼，还体现在它总是奖励赢家。你通过了一关又一关，就会发现自己身后助推的人群越来越庞大。你要走的每一步之间，本来在纸面上可能是相互独立的，但在现实中总是相互关联的。胜利驱动更大的胜利，人们抛弃输家，加入赢家阵营。事前预判的每一步 2/3 的优势，只要你赢了，接下来优势就会逐级放大，直到所有人都加入你这边，对面空无一人。

如果你被看成势不可当的，你就真的势不可当。

说到这个势，能起势头的并不一定是表面看上去强的强者。"千里之堤，溃于蚁穴。"蚁穴与大堤，谁看上去更强，

**谁实际上更强？**

诺贝尔经济学奖得主、博弈论宗师托马斯·谢林（Thomas Schelling）对这类有着几乎不可阻挡力量的小势头，有过经典论述。

美国是不允许种族隔离的，人们居住自由，搬迁自由，但事实上，在许多地方出现了黑人和白人分开群居的现象。谢林注意到，一个白人的居住社区，如果有黑人搬进来，哪怕黑人家庭在社区中所占比例仍然很小，但很快，这个社区里的白人就一个个都搬走了，变成完全的黑人社区。这是为什么？

谢林用博弈论来描述这个转换过程的动力学。

假设社区中的所有白人家庭，对社区中黑人家庭占多大比例各自有一个自己能承受的门槛，有的家庭是一个也不行，有的家庭是一个行两个不行，依此类推。直到最后一个家庭是只要不全是就行，像这样排成一个序列。

那么，当第一个黑人家庭迁入时，就会有一个白人家庭决定迁出。而这个迁出动作本身，进一步提高了黑人家庭占社区家庭的比例，于是引发第二个白人家庭迁出，于是第三个，第四个……直到最后一个也迁出，社区从完全的白人社区变成完全的黑人社区。

谢林做的理论推演得到了实证研究的证实。社会学家发现，在 20 世纪 70 年代的美国城市社区中，平均而言，黑人家庭占到社区比例在 12% 至 15% 区间的时候，社区是稳定的。高于这个比例的话，就会引发白人家庭迁出，直到变成纯黑人社区。

对每个家庭来说，根据自己偏好沿着最小阻力线所做的分散决定，在可观察到的每一环节上的小势头，最后却变成无法阻挡的趋势。

今天，美国学者对这个问题的共识是，如果放任自由的话，事实上的族群分居无法避免，只能通过政府强力干预才有可能防止。比如搞些针对低收入群体的廉租房项目，并把这些项目分散在城市的每个社区里。诸如此类。

其实，谢林所描绘的微观动力学，又何止是族群聚居而已！一个社会中有无数人，哪怕看上去在任何一个议题上的看法都有无数层差别，展现出非常多元的偏好，因此好像极为稳定，实际上，往往一阵风吹来，小势头就开始起势，一浪推一浪，最后，势不可当。从流行变换到观念变迁到街头运动，都是这样：从风平浪静到滔天巨浪，只是每个人根据自己的偏好，沿着最小阻力线运动所致。

这一讲跟你讲了貌似小概率事件背后的社会动力学机制，面对沿着最小阻力线走的社会运动，你该怎么办？最后再给你三个建议：

第一，不要低估今天讲的这类特殊进程的成功率。不要因为全过程的链条很长，不确定性因素很多很复杂，就认为其运动必然会出轨。相反，对远大目标来说，长链条反而有其好处。雪道够长才滚得出足够大的雪球，这一轮的胜利会滋养下一轮的胜利。

第二，如果你不幸站在这类进程的对立面，一定要及早抽身。

讲个感想，身为新闻工作者，我看过许多匪夷所思的离奇事件。抽离具体的时间、地点、人物，其实背后都有同一个死亡螺旋。看上去，似乎每一步都有概率不小的机会脱离这个螺旋，而这螺旋的链条又似乎足够长，它应该不至于发生。事实却正好相反，每一步都按最小阻力线走，每走到下一步时，将它推到这一步的力量都站好了队，一步步碾压过去，并无悬念。要脱离这个螺旋的最好办法，就是在第一步就脱离，第一步脱离不了的话，越往后，脱离的可能性就越小。

第三，如果最小阻力线已经明朗，小势头已经起势，雪球已经滚大了，如果理性指的是只考虑个人得失，你的理性选择只剩一个，就是加入进去助推。

《韩非子·说林上》讲，商纣王喝酒喝断片了，不知道今天是哪天，问左右大臣，也都答不知道，便派人去问贤者箕子。箕子对其弟子说：君主竟然不知道日子，那么天下要完了；但所有人都不知道日子，只有我知道，那么我要完了。为了保命，箕子对纣王说：我也喝多了，我也不知道。

当傻子已经滚起雪球的时候，越是聪明的人越得选择装傻。当然，越是聪明的人就越有能力装得惟妙惟肖。最后，聪明人与傻子无从分别，天底下的人看起来都像傻子，听他们说的话都像傻话，做起事来也都是傻事，那么天底下就真的只剩下傻子了。

就像刚才说的箕子，商朝最后一个贤者，当他也装傻的时候，举国上下就真的全是傻子了。此时，西方狼烟已举，周武王集结大军，完成"天命在周"的战前动员，杀过来了。

这一讲的推荐阅读是《好的经济学》（*Good Economics for Hard Times*）。它是 2019 年诺贝尔经济学奖得主，阿比吉特·班纳吉（Abhijit Banerjee）和埃丝特·迪弗洛（Esther Duflo）的新书。这一讲提到的谢林关于小势头的论述和社会学家的实证，就出自这本书的转述。

博弈论

# 博弈论有什么用

这一讲，我想跟你谈：博弈论有什么用？回答这个问题，关键就在于纳什均衡。

什么是纳什均衡？

直观地讲，就是在纳什均衡所在的位置，给定其他各方的策略，参加博弈的任何一方都没有理由再改变自己的策略。到这里，大家你看我我看你，都不动了，达到了"均衡"。所谓均衡，就是锁定在这里，走不出来了。

举个例子，假如你跟一群人在一起工作，你算计了一下：不论其他人偷不偷懒，你的最优策略都是偷懒。因为别人勤劳你偷懒，你占便宜，别人偷懒你更要偷懒，否则就吃亏了。

别人也不傻，也都是这么算计的。不论你偷不偷懒，他都要偷懒。结果就是，所有人都在偷懒这个位置上获得了均衡，没人干活了。三个和尚没水喝，和尚越多越没水喝。

均衡的力量就是这么大。不需要谁来立什么法要求大家偷懒，每个人都从自己的利益出发，就能自动达到偷懒的均衡点，然后出不来。均衡自我实现，自我维护，自我持续。一个坏的均衡当然是陷阱，一个好的均衡则似永动机。

举个例子。旅行团出游，一大群人老老少少都有，很容易走丢。这里就有个好的均衡：大家都想聚在一起，怎么聚无所谓。这就是均衡，没有谁是想失散的，只需要一个标志，就能成为驱动大家聚合在一起的信号。对所有人来说，往标志那边走就是最佳策略，于是，大家聚拢的均衡达成。这标志可以是任何东西，我见过导游打旗子的，还见过导游连旗子都不打就戴一顶高帽子的，还有只是举着自拍杆的。这时候，任何标志都能聚拢一盘散沙。

推及更大的范围，一个公司，一个组织，一个国家，只要能找到让大家方向一致的那个点，领导起来就非常容易。你发出任何信号，所有人就会自发地朝你指引的地方靠拢。表面上是你在领导，其实是大家推着你往那边走。

在任何一个博弈中，如果你找得到均衡点，答案就出来了一大半。顺势而为事半功倍，逆势而为事倍功半。有句话说，"徒法不足以自行"，意思就是，法律再好，执行起来还得强力干预。这话其实正好说反了，不能自行的法，多半不该立出来；即使立出来了，常常也就是供在那里，没人当真。能自行的法，才是良法。

纳什均衡得名于其提出者——诺贝尔经济学奖得主约翰·纳什。纳什证明，在任何一个非合作博弈中，都存在着至少一个纳什均衡。

博弈论就是用规范的方法，系统性地帮助我们寻找均衡的学问。如果信息足够透明，参与者完全理性且计算能力足够强，人际的博弈便总是存在着均衡。

对你我个人来说，在任何博弈中，都应先去找到其中的纳什均衡。如果是对你有利的均衡，朝着它走过去就是了，别人会向你靠拢，你的利益能自我实现；如果均衡对你不利，你要么不参加，要么就改变博弈的规则，把对你不利的博弈替换成另一个对你有利的博弈。

问题变成了你能不能找到纳什均衡。只可惜，对此，博弈论其实是不能保证的。

博弈论有几个前提：信息足够透明、参与者完全理性、计算能力足够强。这些前提是非常必要的。最简单地说，它的要求也类似"我知道，你知道；我知道你知道，你知道我知道你知道；我知道你知道我知道你知道……"，一层层地反射，往复循环。现实中几乎不可能有这样充分的信息透明度，也不存在有这般计算能力的活人。

即使真的实现了这些前提，信息充分透明，参与者完全理性，拥有强大计算能力，你确实能在许多博弈中找到纳什均衡，但是，你无法在所有博弈中都找到纳什均衡，没有一个公理化方法，虽然纳什均衡已经被证明，它就在那里。

麻省理工学院的数学家康斯坦丁诺斯·扎斯卡拉基（Constantinos Daskalakis）证明，纳什均衡是这样一种特殊的难题：在理论上存在，但没有找到它的有效算法。"有效"这个词是数学术语。没有有效算法，是指计算这一难题的时间长度是指数级的，无法简化成解决多项式问题所需要的那种时间单位。后者虽然也需要很长时间，但还是能计算出来的。

通俗地说，有些纳什均衡在理论上存在，但实际上，你把整个宇宙的全部时间都用上也找不到它。

既然寻找纳什均衡不存在有效算法，则说明对社会无数人及其间发生的无数重复的博弈情境来说，一般意义上的均衡，事实上并不存在。虽然所有博弈理论上都存在着均衡，但实际上你找不到。现今能够设想的最强大的计算机都找不到的东西，人更是找不到。找不到的东西你不能当它存在。

我喜欢讲阿凡提的故事，今天换个形式再讲一次。巴依老爷考阿凡提：把一河的水都舀干，需要舀几瓢？阿凡提回答：如果瓢跟河一般大，那么一瓢就够。巴依老爷说：你给我把纳什均衡找出来。阿凡提说：好的，你先给我它的算法。

如果说存在纳什均衡，但不存在一定能找到它的办法，那博弈论还有什么用处？

第一，有许多典型情境，确实存在着明显的纳什均衡。理解博弈论的话，你就找到了在类似情境中自处、待人的快捷方式。

前面讲的"三个和尚没水喝"，说明在集体劳动中大家都选择偷懒策略就是一种均衡，它本质上是囚徒困境博弈的变形——总共四种情形：

你偷懒，别人合作；

你合作，别人也合作；

你偷懒，别人也偷懒；

你合作，别人偷懒。

只要在这四种情形中，你们选择对自己有利的排序是上面的顺序，你们就注定掉进了囚徒困境。前面还讲到的旅游团集合，则是个典型的协调博弈——所有人都想合作，所有人都想聚拢，所有人都不想失散。于是，只要能合作，通过什么途径达到无所谓。你抢先一步把旗子举起来，你就是头领，群众就把你推着往前走。

第二，博弈论告诉我们，从对手的角度考虑，跟从自己的角度考虑同样重要。

永远不要只想着自己这一步怎么走，永远要想着对方会怎么应对你这一步。你是到这里就停下来不折腾了呢，还是继续折腾，总是取决于对方在同样地步时的选择，反过来也一样。只根据自己的得失考虑，不根据对手的得失考虑，必然会举步维艰。

第三，它指导我们什么时候要与对手沟通，什么时候不能沟通。

一言以蔽之，如果是零和博弈，则沟通无益。你发信号，对方会当没看见；对方发信号，你也得当作没看见。

相反，如果是正和博弈，则沟通至关重要。无论你与对手间是最简单的协调，还是你需要做出承诺或发出威胁，你都需要对手接收信息、承诺或威胁并做出反应。

第四，普通人把太多有对抗性的博弈理解为零和博弈，其实它们几乎都不是。

比如说，许多人以为战争是零和博弈，双方利益完全冲突，没有任何交叉。其实不然，因为对双方来说，是打一场有限战争，还是打一场全面战争，还是玉石俱焚的最后一战，得失算计随时都在变化，双方的得失加起来并不为零。升级与否，战和选择，每个选择都导向双方的不同得失。优势一方要考虑成本的高低，劣势一方要考虑牺牲的大小。

只有在一种情况下，战争才是完全的零和游戏：一方决心彻底消灭对手，这时双方再也不用考虑其他，也不用去承诺什么或威胁什么，血战到底就完了。真实生活中，完完全全是零和博弈的情况极少，我一时间能想到的零和博弈，还真就只有各种游戏、体育比赛、下棋、赌博等。

第五，一次性博弈和可重复博弈完全不同。可重复博弈中，声誉有价值，能使他人建立起对你的稳定预期；但是一次性博弈中，声誉一钱不值。如果是一次性博弈，人们永远无法走出囚徒困境；如果是可重复博弈，人们总能找出方法，发出信号，彼此信任，把自己也把对方从陷阱里拔出，抵达对双方都有利的均衡态势。

引申一下，为什么金盆洗手之人永远以悲剧收场呢？因为他自己作死，把本来好好的可重复博弈变了一次性博弈，人家只能来收割最后一把了。

第六，单一策略找不到均衡点的时候，试试混合策略。

我打乒乓球，正手比反手强，但永远用正手进攻并不是均衡策略，有时候也要用一用反手。要是我真这么干了，被对手看破，他就会趁我站位越来越偏反手的时候突袭正手。我必须大多数时候用正手，偶尔出反手，站位相应调整。对方亦然。

这就是混合策略的一种最常见的应用，最终会达到一个均衡状态，就是我好他也好，凭借正反手策略的调整再也占不到任何额外好处。这时，我们就是靠实力决高下了。

第七，博弈并不总只有一个均衡，许多时候有多个均衡。你记住，均衡的定义是大家到了这儿就出不来了。也就是说，哪怕存在着一个对双方都更有利的均衡，你们也有可能锁定在一个坏的均衡中出不来。

现实中，这种悲剧可真不少。前面讲"三个和尚没水喝"，我稍微变换一下条件。假设只要别人干活，则你的最优选择也是干活；只要别人不干活，则你的最优选择也是不干活。那三个和尚的游戏就有了两个均衡：一个是大家都不干活，没水喝；一个是大家都干活，获得幸福生活。哪个均衡会成为现实？怎样才能避免坏的均衡，走向好的均衡？

这简直就是个寓言。

博弈论能帮你的已经很多。

这一讲，我给你推荐的书是《策略博弈》(*Games of Strategy*)，我觉得这是一本任何人都能读得懂的博弈论的教材。

# 有些事你不能考虑未来

这一讲，我教你怎么从一种特殊的陷阱里脱身，或者就不要掉入陷阱里去。这类陷阱往往是这样的：看上去只要你多付出一点就能赢，而不付出这一点就会前功尽弃，于是你欲罢不能，越陷越深。

一般来说，只要是自由的，买卖就总是好的。一方愿意买，一方愿意卖，就说明买卖达成对双方都有好处。买卖最坏不过谈不拢，大不了不买，保持原状。自由买卖不会使你比现状更差，只会更好。

以上说的都对，但有个前提：不买就是保持原状，不用付出成本。可是有许多买卖并非如此，只要你想买，就要付出成本，哪怕最后没买到，你仍然要付出成本。

彩票就是这种买卖。中不了奖，你也得先花钱买彩票。

靠拍马屁升职也是这种买卖。无论最后升职的是不是你，你都得先把伏低做小的事干了。

选举也是这种买卖，无论 2020 年美国大选最后当选总统的是拜登、沃伦，还是特朗普，他们都得先流水般花钱，再经受炼狱般的选战考验，脱两层皮。

比谁吃得多，也是这种买卖。无论能不能赢，你都得先当只填鸭。

体育比赛更是这种买卖。一人拿到金牌，背后是无数人倒在路上无人知晓，无数汗水、时间、精力、财力、梦想付之东流。一流运动员沦落街头去卖艺并不新鲜，就是因为这种买卖太残酷。

这种买卖有个名字，叫作 all pay auction，直译是"全支付拍卖"，我把它翻译成"输家也付费"。

"输家也付费"的买卖特别残酷，因为它内置了一个悖论：一旦参与就难以自拔，投入得越来越多，陷得越来越深。问题是，陷进去的每一步都不是因为冲动，而是因为理性选择。到最后，如果你输了，毫无疑问是惨败；即使你赢了，那也只是惨胜，比惨败强不了多少。总之关键字是惨。

"输家也付费"是一类特殊的博弈。在讲解它的特殊性质时，博弈论专家最喜欢干的事就是拍卖美元。

阿维纳什·迪克西特（Avinash Dixit）是普林斯顿大学的教授、经济学家、博弈论专家。有一次，博弈论课程讲完，他拿出 20 美元，说哪个学生鼓掌时间最长就给谁，结果鼓掌持续了四个半小时。

为什么学生要这么拼?

因为学生太理性。

一旦开始鼓掌,学生们就发现情况不对。

停不下来。

假设拍手拍 10 分钟能赢,一定有人会多拍一秒——都已经拍了 10 分钟,也不差多拍的这一秒,沉没成本不影响决策,学生们都懂。

依此类推,拍手拍到一小时的时候,这个分析还是成立的。两小时的时候,它还是成立的。或者说,无论拍了多长时间,它永远成立。

多拍一秒赢得 20 美元,总比什么都得不到要强。无论已经付出了多少,沉没成本不影响决策,理性算计驱使你继续付出,不存在任何能让你停下来的关键点。

四个半小时后,学生们停下拍手,不是因为上述分析不再成立,而是因为他们实在拍不动了。

面对"输家也付费"的买卖,你该怎么办?这买卖做还是不做?

最简单的回答是不做。看见这种买卖就躲开,不参与。彩票从一开始就不要买,赌场从一开始就不要进。

但是,谁都不做这种买卖的话,就等于把钱放在桌子上浪费掉。既然只需拍手一秒就能拿到 20 美元，那么肯定就有人留下来拍这一把。不玩不是均衡策略。

送小朋友上补习班的买卖，你能不做？如果以升学进名校为输赢的唯一标准，那么送小朋友上补习班，同样是"输家也付费"的游戏。

无论家长追加投入多少，进名校的名额就那么多，过度追加投入无非是家长们搞军备竞赛、彼此伤害，伤害别人家的孩子，顺便伤害自己的孩子，根本停不下来，最后全都很惨。但上补习班的买卖你真能不做吗？那岂不是白白让别人家的孩子轻轻松松进名校？

傻傻地做不行，不做也不行。你得有策略。

"输家也付费"的买卖，理论上有个策略能达到纳什均衡。假设标的物的价值是 1，参加报价的人数是 n。如果大家都清楚游戏的陷阱，又有足够的算计能力，那么，长期之中，平均而言，你的报价就应该是 1/n。

如果竞争者只有一个人，你的报价是标的物价值的一半；如果是两个人，报价是三分之一。依此类推，竞争者越多，你的报价越低，竞争者越少，报价越高。

注意，这里指的是长期的平均报价，你可不要每次都报 1/n。若被其他人吃定你的报价规律，你就注定赢不了。要拿到你该有的那份机会，你得打乱着来，有时不报价，有时报低价，有时报高价，有时多轮竞价，有时报一轮没中就认赔出局。别人看着，觉得你有点疯癫，其实你是在执行混合策略，长期之中平均而言出价是 $1/n$。

这是理论上的正解，可惜现实不是做题，也往往不可重复，没有什么长期之中平均而言，而是一个又一个的单一决策。

送孩子上多少个补习班？请问，你能不能做到按长期之中平均而言投入 $1/n$ 的成本来决策？在几乎是一次性博弈同时又无法接受失败后果的军备竞赛之中，大家全都身不由己，开启了一场相互伤害的马拉松。

有什么办法让自己稍微不那么惨？我给你两个建议。

如果你志在必得，可以试试"混混策略"，它适用于竞价者人数很少且你们彼此知根知底的情况。

传说，晚清到民国年间，有些地方的混混是这样抢地盘的：架起一口油锅，扔一枚铜钱进去，志在必得的一方空手把它捞出来。一开始在风物志上看到这类斗法时，我是迷惑的，双方厮杀一场就好了，何必搞这种自残的仪式？你的手都变成焦炭了，对方这时要求接着打怎么办？不是白费工夫吗？

理解博弈论，才能理解自残仪式的价值所在。

厮杀是典型的"输家也付费"博弈，输家惨败，赢家惨胜。双方都在道上混了多年，这种清晰可见的悲惨前景，构成了对双方的共同威慑。在避开它这一点上，双方有共同利益。

从油锅里徒手捞铜钱，这个惨烈的仪式使志在必得的一方发出可信、可识别的强烈信号：如有必要，会将这场战争打到底，哪怕共同毁灭。这种威胁光空口说是不可信的，说说谁不会呢？把手伸进沸油锅里才可信。

所谓"混混策略"，就是用冲击力极强的仪式来报价，发出清晰可信的强烈信号，使竞争者认清：没有便宜可占，不退的话就是大家抱着一起完蛋。竞争者要不是也志在必得的话，往往就退了。手伸进去了，对方看明白了，也好低成本、体面地下台。

对"混混策略"来说，报价的形式与内容同样重要：报价不能低，但也不是越高越好，太低没诚意，太高没收益。报价的形式则是戏剧性越强，冲击力越大越好。

但是，如果竞争者很多，大家处于实际上的匿名状态时，"混混策略"就会失效，没谁知道也没谁关心你在哪里自残。别人收不到信号，等于你没发信号，别人不知道你的决心，等于你没决心。在这种时候，你得从自己的主观层面，调整这场"输家也付费"博弈对你的效用，毕竟效用因人而异。

"重要的是过程，而不是结果。"这也能够启发我们：不如享受过程，既然结果不确定，甚至注定是悲剧。

　　最后给一个对所有人都适用的建议：不要把人生玩成一场"输家也付费"的游戏。不要以人生的结局为赌注，不要把回报寄托在将来成为赢家上；要让人生本身就是回报，当下就是回报，最好每一刻都有回报。当下就要够本，最好自始至终都够本。这才是脱离"输家也付费"陷阱的终极大法。

# 脱困指南：不对等博弈

这一讲，我给你讲讲脱困指南。

一生中，我们总要经历几次困境。今天跟你讲的不是普通的困境，而是一类特别困难的困境。

如果有一天，你不幸坐在审讯室里，对面是审讯官。这时，你要做的第一件事，是确定面对的是正和博弈还是零和博弈。这个问题将决定你的命运。

审讯是个比喻，它指的是所有的这类情境：双方地位不对等，主动权在对方那边，他问你答，不是你问他答；过程不对等，在你这里你面临着巨大压力，在对方那里则是日常工作；后果也不对等，他犯个错问题不大，你犯个错代价巨大。

人生中面临这类博弈的时候相当多，毕竟你我都是从底部往上爬的人。

我们假设这里不涉及同伴因素，不是囚徒困境，不存在要不要考虑出卖同伴，要不要担心同伴出卖你的情况。没有第三方，只是你与他之间的不对等博弈，可这仍然不简单。

理论上这是正和博弈，就是你跟审讯官不是只有你输他赢一种可能，还有可能共赢，也有可能双输。

审讯官想让你开口，并不是你一开口就输了。开口并不总是不符合你自己的利益——审讯官为了让你开口，往往会给出一些激励，所谓坦白从宽，抗拒从严。如果涉及正在进行中的案件，成败就取决于你开不开口，你不开口就既遂，要严惩；你开口就未遂，从轻处罚。后果天差地别。

理论上是正和博弈，可惜实际上多半不是。甚至有时候表面上的正和博弈在实践中很容易被降成零和博弈。一开口你就输了。

降维是这样发生的：

第一，审讯是分阶段博弈。

第一阶段是持续审讯直到你开口，第二阶段是审讯官兑现承诺向检方建议从轻处罚。审讯官在两个阶段中的利益完全不同。

在第一个阶段里，为了尽快让你开口，他真诚地向你提出坦白从宽的提议。只要你开口，他愿意为你去向检方提议从轻处理，这符合此阶段中他的利益。

在第二个阶段，你开口之后，轮到他兑现承诺了，但他想要的已经拿到了，兑现承诺变成单纯的负担，不符合他在这个阶段的利益。从纯理性算计出发，他可能不会兑现承诺。

两段博弈其实很常见。你每年在新年时立志就是一种两段博弈。新年到来时你立的那个志，需要一年到头的那个你去执行。新年的你，获得了立志本身带来的欣快感，一年到头的那个你，要苦哈哈地去实现。你猜，一年到头时的那个你，会不会那么傻地去执行？

一阶段审讯官也在跟二阶段的自己博弈，你猜哪个会赢？奥巴马当总统时，曾经对叙利亚发出严重警告，画出红线：绝不能使用化学武器，否则美国动武。结果呢？叙利亚使用了化学武器，奥巴马想想，还是算了吧。二阶段要付出代价去兑现威胁的那个奥巴马，背叛了一阶段发出威胁的那个奥巴马。

人就是这样的。审讯官都不能信自己，你怎么能信他？

第二，审讯还是种一次性博弈。

同一个审讯官多次遇到同一个被审讯者的情况，千中无一。每次博弈都可以视作两人之间的最后一次。这意味着，审讯官没有动力建立诚信的声誉。二阶段的审讯官背叛一阶段的审讯官，顺便背弃了对你的承诺。对你守信没有价值，丢掉一个没有价值的东西，对他来说没有损失。

　　如果是博弈论专家来设计审讯流程，其实有个办法可以建立信誉机制，就是给每个审讯官打信用分，守信加分，失信减分，并将信用分公开。每个审讯官坐到你对面的时候，你对他是否守信，心里已经大体有数。想是想得很美，我们过 300 年再来看看这事会不会出现。

　　第三，审讯是双方地位不对等的博弈。

　　你几乎不能影响对方的重大利益，而在你开口之后更是完全不能；对方则是在每个阶段都能影响你的重大利益。更重要的是，处罚轻重对你来说重如泰山，对他来说事不关己，轻如鸿毛。你特别在意的东西，他完全不在意。他也没法在意，你一辈子一次，他几乎每天一次。

　　于是，你与审讯官之间本来存在多种可能的正和博弈，就这样变成了零和博弈——开口你就输了。

　　既然是零和博弈，重温一下零和博弈的标准打法：对方告诉你的所有信息，发出的所有威胁，做出的所有承诺，你既不要都当真，也不要都当假，而是要当作都没听见。

　　如果博弈是对等的，双方互为镜像，则对方也会这么看待你发出的所有信息，但事实上，审讯是不对等的。他诈你，诈成了固然是他成功，被揭穿了也没代价；你诈他，被揭穿了就罪加一等。你诈还是不诈？

　　绝不要高估自己诈与抗诈的能力。审讯技术方面，人类早已成熟，甚至一直维持在巅峰状态。

睡虎地秦简《封诊式》里面，就有一段 2000 多年前秦代的审讯指南。

"凡讯狱，必先尽听其言而书之，各展其辞，虽智其他，勿庸辄诘。其辞已尽书而毋解，乃以诘者诘之。诘之有尽听书其解辞，有视其它毋解者以复诘之。"

翻译一下，就是对方会一边静静地看着你扯，一边记录，并不是你每次开扯他就揭穿你，而是等你扯完，再根据记录一件件地追问核对。你继续扯，他继续记录，再根据记录追问核对，如此反复迭代。不要说你了，没谁经得起这样的精益求精式审讯法。这套审讯法到今天仍然在用，无非是在每次的迭代之上再加一层迭代，让你从头再讲一次，再讲一次，再讲一次。

我给朋友介绍睡虎地秦简的审讯法，保险专家表示保险业销售话术里的 probing——探查询问——也是这样。心理学家表示心理咨询师也是这么问的。大学教师表示上课时也这么问，多问几句，让学生重复几遍，他们就会发现自己的答案有问题了。

保险销售、心理咨询、教师授课跟审讯的情境不同，可见好用的话术各行各业都想借用。这种话术你是对抗不了的，唯一的办法就是能避开就避开。保险经济人、心理咨询师、教师你能避开，审讯你避不开，避不开你就只能保持沉默。

保持沉默也不容易。且不说那些不容你沉默，但凡沉默就被视作对抗的情境，即使你有保持沉默的自由，你想保持沉默也并不容易。人是社会化动物，生来就是要说话的，不说话太反人性了。

专门研究人类对话的学者 N. J. 恩菲尔德（N. J. Enfield）认为，人际交流可以看作一台对话机器，对话是对话者之间非常精密的合作，往往不是对话者在对话，而是对话机器在驱动对话者。

为什么说更像是话赶人，而不是人赶话呢？因为他发现对话有这么几个规律：

第一，回合制，一人说一轮，交替进行。有问总有答。他发现，无论在哪里，说什么语言，人们做出回答的反应时间总是比不回答要快，说明人们的默认状态是回答。事实也是如此：别人问你问题，你总觉得有某种回应的义务，不回应总是感觉有点不妥。

第二，对话速度非常快。我们对提问做出反应平均所需的时间跟眨眼睛一样快——200 毫秒。短到不可思议，因为我们想一个字然后把它说出来，也至少要 600 毫秒的时间。

对提问的极速反应快至 200 毫秒，说明我们时时刻刻在跟踪对方的提问，他说一句我们猜下一句，他一结束我们就开口。古人有个词，应答如响，不经意间说出了现代人类学的最新发现。

第三，对话中的时间特别敏感。

一般来说，存在着一个一秒钟的标准反应窗口，帮助我们确定对话方的反应是快、准时、慢，还是根本就不会回应。200毫秒之内是快，500毫秒之内算是正常，只要正常你就不会注意，超过500毫秒就是慢了，慢了你就会看看对方有没有什么异常。等到超过一秒钟，你就意识到不同寻常的事情发生了，对方不想作答，于是你把注意力全部放过去。

人这种社会化动物就是这样被对话机器驱动的：注意对方的提问，时刻猜测他的下一句，有问必答，答得超快，特别在意对话的中断。在审讯中，以及在类似的不对等博弈中，是几十万年的演化埋在你身上的这台对话机器在跟你作对，你身不由己。

自保办法不是很多，我推荐几个。

第一个办法，让专家替你说话。

审讯要有律师，让律师替你说话，你把全部能量都用在让自己不说话这一件事情上。绝不要太自信，专家可能水平不如你，成就不如你，各种不如你，但他有几个优势。

一是他是专业的，他的经验抵消了审讯官的经验。

二是他是专业的，对方也很专业，大家都是重复博弈，重复博弈，声誉就有了价值，声誉有价值，审讯官就有动力保持对你的承诺。

三是他没有你自己那么在意你的命运，这对你反而是件好事。

全不关心是漠然，太过关心则乱。专家对你适度关心又不太关心，使得他处于一个特殊位置，在需要时可以把对方的威胁与承诺统统屏蔽，更清楚地看到你的真实处境；也可以在有必要时采信这些承诺与威胁。

专家不只是律师，情境不只有审讯，在所有相似情境中，帮你抵消掉一次性博弈、不对等博弈、分段博弈的冲击，从而将零和博弈重启为正和博弈，这就是专家真正的价值。

但凡能用上找专家这个办法，你就得用。因为我要讲的第二个办法是这样的：

在无法让专家替你说话的时候，在这些不对等、一次性、分阶段的博弈中，你既无法识别对方承诺的真假，也不拥有对他的任何有效约束，那你就闭上眼睛，蒙住耳朵，不听、不闻、不见，掷出一个硬币，正面就信他，反面就不信。

让命运做决定吧！

如果你想了解更多我们是怎么被话赶着走的，推荐你去看一本书《我们的谈话方式：对话的内在运作》（*How We Talk: The Inner Workings of Conversation*）。

# 随机机密：制胜石头剪子布

这一讲，我要来跟你聊聊随机性这件事的机密。

中国人把意外叫作命，有两层含义：一层是它超出自己的控制，一层是冥冥中有天意安排。这跟随机性有相似的地方：以微观之不可预测，构建表面上的秩序。

随机性无处不在。有个游戏我们都玩过，石头剪子布，你能不能一直赢？

两人相对，同时出手，石头吃剪子，布吃石头，剪子吃布。这个游戏，博弈论早就给出了答案：没法一直赢。你只能随机出手，如果不随机而是稳定地选择，对手就能看穿你的出手套路，相应地克制你。当然，对手也同样只能随机出手，否则会被你看穿。两人都随机，结果自然也是随机的。只要玩得足够久，你们应该是打平的。你赢不了，但也不会输。

这是理论，实际上怎么样呢？

实际上，你和对手都不是随机发生器，你做不到真正的随机出手。随机出手是无法预测的，但只要不是真随机就有预测的可能，于是你就有赢或者输的机会。

前几年，中国科学院下面一家研究所发布了新成果，说是找到了石头剪子布的最优打法。我找来论文一看，原来打法很简单：

如果你这一轮出手赢了，下一轮一定要换个出手；

如果你输了，下一轮要出克制对手这一轮出手的选择。

比如说，这一轮如果你出布赢了，下一轮一定要换，石头和剪子随机选一个；反过来，如果是对手出布赢了，下一轮你要出剪子。

为什么得是这个打法呢？

往深一层想，这个中科院打法专门针对的是 WSLS 策略。WSLS 指 "win-stay, lose-shift"，赢了继续，输了就换。

我在上一本书《多维思考》里介绍过 WSLS 策略，在接近现实的情境里，它比著名的 "以牙还牙（tit-for-tat）" 策略还有效，因为它对你的认知能力要求更低，你都不必去管对手用了什么策略，只管关注自己的得失。现实生活中，大多数人都是这样的，办法管用继续用，直到它不再管用，那就换一种办法。

在中科院的研究中，共有 360 个学生玩石头剪子布游戏。这群人当中的赢家，正是靠"赢了继续，输了就换"策略。如果出布赢了，往往下一次还出布，直到输，输就换一种出手。既然如此，你要赢他们，他们上一轮出布赢了，下一轮你就出剪子等着他。这就是上面说的专门克制的玩法。

其实，你再往下想一层就知道，中科院版制胜策略肯定仍不是游戏的一般正解，只是基于这个实验中赢家策略的针对性策略。你只要知道了中科院的出手策略，同样能轻易破解它。

以后你要是遇上中科院出身的对手，他赢的时候，下一轮会换出手；他输的时候，下一轮会换成针对你这一轮出手的出手。所以，你再针对性出手就行了。

假如他这一轮出布赢了你的石头，那他的策略是下一轮要换，你则不要换。不论他换成石头还是剪刀，你至少打平。假如他这一轮出布输给了你的剪刀，那他的策略是下一轮换成针对你这一轮的出手，他会换成出石头，你出布就赢了。

中科院的策略，是针对"赢继续输就换"策略的，你用来吃定中科院策略的，却是赢就换输继续。策略如果不随机，就会这样一物降一物。

石头剪子布理论上的最优策略就是随机出手，长期中，预期结果是不输不赢。可惜，实际上我们是人，做不到真正随机。不随机就能被看穿，就算是中科院，被看穿也一样被人吃得死死的。

不光中科院，就算全人类玩石头剪子布游戏的经历通算下来，也被发现有两大规律：

第一个规律，男玩家首次出手时，选石头的频率稍高于剪子和布。

第二个规律，出手切换过于频繁。大多数人会避免连续两次以上同样出手。

这是因为人们理论上知道"应该"随机出手，但并不真正懂得随机性，或者就算懂得也无法用大脑临场运用，所以就简单地避免连续同样出手这种表面规律。实际上，在真正的随机选择中，反而会出现大量这种表面上的规律事件。随机性的黄金标准是不可预测，而不是不重复。

所以，下一次你跟别人玩石头剪子布，如果他是男的，你有一个占优策略：

第一，第一次出手要出布，胜率略高，因为他首次出手选石头的概率较大。

第二，对手连续两次同样出手后通常会换，你针对性地换出手，比如对方连续两次选石头之后，第三次你就选剪子，大概率能立于不败之地——他多半要么换成布要么换成剪子。

我找了个玩石头剪子布的网站（https://www.rpsgame.org）去找机器人试手，估计机器人跟我用了同样的策略，连续十把打平。建议你也去玩玩。

石头剪子布本身是再简单不过的游戏，其实最机密的帝王术也不过如此。

引用一段出自《韩非子》的话：

"上明见，人备之；其不明见，人惑之。其知见，人饰之；不知见，人匿之。其无欲见，人司之；其有欲见，人饵之。故曰：吾无从知之，惟无为可以规之。"

我翻译一下：

帝王表现得英明，下面的人会防备他；表现得糊涂，下面的人会欺骗他。帝王表现得有智慧，下面的人会拍他马屁；表现得愚笨，下面的人会蒙蔽他。帝王表现得清心寡欲，下面的人会试探他；表现得有欲望，下面的人会投其所好。

帝王身上集中了所有人的利害关系，所有人都盯着他。谁叫他掌握着生杀予夺的极权呢？无论表现出什么，都有一款针对性打法要吃定他。

怎么办？

"吾无从知之，惟无为可以规之。"让别人无从了解你，因为你什么都不泄露。

不泄露有两个办法：第一个是呆若木鸡，poker face（扑克脸），别人从你脸上什么也读不出来。第二个是喜怒无常，因为稳定的喜怒会被人所乘。所以你打乱次序，随机地展示情绪，打破别人对你的预期。

这两个办法，一是无为，一是无不为，加起来等于无为无不为。

虽说帝王心术已经明明白白写在了《韩非子》里面，可是总的来说，历代帝王还是不得好死的多。中国历史上总共有过好几百位皇帝，平均寿命只有 39 岁，恐怕也有帝王心机太容易被人猜破的原因。

这也不是帝王的错，只要是人，心机就不由自主地外泄。不信你可以去我刚才说的石头剪子布的网站试一试，只要你本色发挥，一定会输给网站上的机器人。

随机这件事太难，首先难在你我虽懂得道理但操作跟不上，毕竟我们的大脑不是随机发生器；更难在随机策略只有在特定场景中才有效，而在我们现实中遇到的绝大多数场景，随机并不是好策略，我们往往需要的是协调、引导、聚合，一起合作，搞定一件事、应对一个挑战、完成一个目标。

零和博弈要求隔断信息，要发只能发出噪声，收到对方发来的信息也只能当作噪声而忽略。正和博弈则要求沟通信息，一方发出信息，一方接收信息，彼此协调。

就连韩非子也承认，帝王并不只要呆若木鸡或喜怒无常就行的，随机策略在零和游戏中有效，但人生何处没有正和博弈？你我在该随机的时候做不到真正随机，总会露出马脚。那是因为现实中要求我们互露马脚、相互协调的时候太多了，年深日久，代代如此，完全随机选择的能力已经从我们的基因池里消亡了。

所以，在那些必须随机选择的时候，你需要工具的辅助。掷硬币、扔骰子、用 Excel（电子表格）生成随机数，这些办法都有效。这里我推荐一个更方便也更隐蔽的方法。

假设你坐在德州扑克的牌桌上，德扑输赢的关键不在牌本身的好坏，而在于你无论拿着什么样的牌，都得使诈，拿着烂牌装好牌，把别人的好牌吓退，或者拿着好牌装烂牌，引别人上钩下重注。而且你不能一味使诈，也不能一味不使诈，都太容易被看穿。你得有时使诈，有时不使诈，让对手捉摸不透才行。

有人拿着好牌唉声叹气，拿着烂牌兴高采烈；有人拿着好牌兴高采烈，拿着烂牌唉声叹气。在高手看来这都是浪费表情。他们早就学会了，在零和博弈中把对方释放的任何信号都当作噪声，既不当真，也不当假，只当没看见。你我都别浪费表情，所以面无表情最省事，"扑克脸"这个词就是这么来的，不释放信号，也不接受信号。

　　不过问题依然还在，眼前拿到一手牌你诈不诈？你需要随机决策。

　　这时，你可以看看腕上手表的秒针指向何处。如果你预先决定好，跟今天的对手打牌，要一半使诈一半不使诈，那你可以预先决定，如果你看向手表的时候秒针指向左边你就使诈，指向右边你就不使。如果你预先决定好是 1/4 的时候使诈，3/4 的时候不使诈，那就秒针指向右上区间的时候使诈，指向右下、左下、左上这三个区间不使诈。依此类推，把手表变成你即时可用的随机发生器。

　　模仿机器，用来对付人还可以，用来对付机器，还是差了一筹。卡内基－梅隆大学研发的 AI，在德扑牌桌上，已经战胜了人类最强牌手，赢就赢在 AI 诈牌时比人类牌手的随机性更强，诈牌表现得更加大胆激进。

　　人类在零和博弈中所能追求的最高境界，就是像机器一样决策。如果我们永远做不到如机器那样彻底，那就老老实实把这种决策让给机器去做吧。

　　这一讲，我推荐你阅读威廉·庞德斯通（William Poundstone）的《剪刀石头布：如何成为超级预测者》（*Rock Breaks Scissors*：*A Practical Guide to Outguessing & Outwitting Almost Everybody*）。这本书讲了大量的案例，描绘人类在应该随机决策的时候，是怎么露出马脚的。

# 魔法句：信我，给你一切

这一讲，我要向你证明，只要你相信我，我能给你一切。我给出的证明不仅合乎逻辑，它简直就是逻辑本身。

具体如下：

第一步，我先给出一个特殊的句子：

如果这句话是真的，那么天下没有难做的生意。

重要的是前半句，"如果这句话是真的"。秘诀在于，"这句话"这三个字，既可以指代前半句，也可以指代整个句子。也就是说，既指向"如果这句话是真的"这半句，也指向这一整句话"如果这句话是真的，那么天下没有难做的生意"。

这类特殊的句子叫作柯里句（Curry Sentence），得名自逻辑学家哈斯克尔·柯里（Haskell Curry），他用柯里句制造出柯里悖论，而柯里悖论颠覆了经典逻辑学。

柯里句的能量这么大，是因为有了它，你就能推导出一切。

我们来到第二步，最基本的逻辑推理告诉我们：

第一，如果 A 成立，那么 B 成立；第二，如果 A 成立，那么可推出，第三，B 成立。

如果命题成立，前件，也就是前提成立，那么后件成立，也就是结论成立——最基本的形式逻辑中的条件命题。

举个例子，经常看见一句话：是中国人就转发。言下之意为，你是中国人，你得转发。

你当然不会看到这句话就转发，因为它的推理过程是对的，命题本身却不对，谁规定了是中国人就一定得转发的？

"是中国人就转发"是拙劣的诡辩，但柯里句不同，它有魔法，只要把它造出来，你就既能证明命题，又能证明前件，于是任何后件都成立，等于你可以证明一切。

回过头来讲"如果这句话是真的，那么天下没有难做的生意"。

"如果这句话是真的"，我们刚刚造出来的这个柯里句，同时假设了前件"如果这句话是真的"和命题"如果这句话是真的，那么天下没有难做的生意"，代入可得后件"天下没有难做的生意"。

通过从前件推出后件，我们证明了"如果这句话是真的，那么天下没有难做的生意"。这整句话是个真命题，不是"是中国人就转发"那种武断的假设。

最后是第三步，再使用一次柯里句魔法："如果这句话是真的"这次重新指向前件，于是，命题成立，前件成立，逻辑学要求我们必须接受后件成立：天下没有难做的生意。

证毕。

更严格的逻辑学证明过程，因为涉及各种逻辑符号，我放在了下方，有兴趣的可以看看。我说得跟绕口令一样，直接看逻辑推导过程更清楚。

1. $A \rightarrow A$

同一律。

2. $A \rightarrow (A \rightarrow B)$

柯里句"如果这句话是真的，那么……"中，"这句话"三个字既指一整句话又指前半句。

3. $[A \rightarrow (A \rightarrow B)] \rightarrow (A \rightarrow B)$

去掉一个多余的 $A$。

4. $A \rightarrow B$

对步骤 2、3 应用三段论。

5. $A$

应用柯里句。

6. $B$

对步骤 4、5 应用三段论。

$B$ 可以是任何陈述，无论多么荒谬。在接受荒谬的陈述，拒斥三段论或者拒斥同一律之间，你必须选择一个。现实中，人们事实上选择了第一个。

可能你已经注意到了，柯里句的后件根本没有存在感，全程不参与推导。这正是柯里悖论的由来：只要你造出柯里句，那么，你可以证明任何后件。

我刚才证明了"天下没有难做的生意"，听起来似乎不是完全不靠谱，但如果我刚才证明的是"上帝存在"，也没有任何不妥。这后件可以是任何东西。

柯里句之所以能颠覆经典逻辑学，就在于它通过特殊的句子构造，用最基本的逻辑学操作来证明一切。你可以用它来证明独角兽存在，虽然这在经验上不可能；你也可以用它来证明独角兽长着两只角，虽然这在逻辑上不可能。

"如果这句话是真的，那么……"这个最经典的柯里句出自柯里本人。柯里普及柯里悖论的时候，用了一个例句：如果这句话是真的，那么中国与德国接壤。"如果这句话是真的"，从此成为悖论中的经典句子。

但柯里句远远不止一种构造。

"如果相信我说的一切，那么你可以达成任何奇迹"，也是一个合格的柯里句。

"如果上帝全知全能，那么一切都是最好的安排"，也是一个合格的柯里句。

"如果你可以为我接受任何考验，那才是真正爱我"，也是个合格的柯里句。

你环顾四周，会发现生活中有很多柯里句。那些看似无所不知无所不能的大神，仔细看看，原来是柯里句创造高手，只是他们狐假虎威，驾驭了柯里句的魔力而已。

柯里句制造悖论，逼得我们要在两者之间择一而从：一头是最基本的逻辑推导，另一头是柯里句这种特殊构造。很少有人能忍受放弃逻辑，于是出路似乎只能是禁用柯里句。这也是一些逻辑学家的结论：虽然你我他都能造出柯里句，但我们得庄严地承诺不首先使用柯里句，要不然一切就都乱套了。

这比想象的难很多。

柯里句魔法的核心在于递归，就是自我指向，反复调取，循环使用。"如果这句话是真的"里面，用"这句话"三个字实现了这一点。逻辑学家想禁用这种用法，把世界搞清静一点，这种心情可以理解，但事实上做不到。语言学大师诺姆·乔姆斯基（Noam Chomsky）有一个经典论断：所有人类语言都包含递归。

乔姆斯基说，递归不是 bug（故障），而是人类语言所必需的，承载了复杂、抽象的人类独特的交流方式。这也是人类与动物交流方式之间的天堑：是人就会递归式说话，但没有哪只鸟儿会递归式吟唱。

　　乔姆斯基这一论断直到近年才略微受到了挑战。有人在亚马孙密林深处找到了一个原始部族，认为其语言中不包含递归用法。这一发现在学术上很有价值，但对我们今天的讨论基本没有影响。全世界所有人使用的所有语言，事实上都在使用递归，除了这个亚马孙原始部族。这说明递归即使不是人类天生避不开的，至少也是基本避不开的。你愿意站在全世界70多亿人一边？还是原始部族几百人那一边？

　　递归制造悖论这件事并不新鲜，经典悖论中的说谎者悖论、罗素集合悖论早已从学术界进入日常语言中，人们并不陌生。柯里句之所以杀伤力巨大，除了能推出一切，更因为它不易识别。

　　说谎者悖论、罗素集合悖论都需要借助否定词，有相对清晰的标志。"我正在说的这句是谎话"，这是说谎者悖论，他得说自己在说谎。如果他说的是"我正在说的这句话是真话"，那就没有悖论。

　　"那些由其全集不是其自身子集的集合构成的全集，是不是自己的子集？"这么绕的一句话，你一听就能辨别出来。你在日常生活中遇不到罗素悖论，也许能遇到说谎者悖论，但遇到了多半能反应过来，因为正常人不会这么说话，你一听到就知道这话说得不正常，它基本上是个语言游戏。

　　柯里句不同，它充斥于社会空间，始终在我们周围，你经常被它所制，还不容易识别它，搞不好此刻正在为它数钱。它唯一的标志是递归，但高明的玩家会发明出许多隐蔽的变体，更高明的玩家则居高屋建瓴之势，挟阴阳莫测之威，运不由分说之气，以雷霆万钧之力，让柯里句向你滔滔而来。

这时候，希望你想起今天读过的这篇文章。

# 因果：最后得靠分寸感

这一讲我跟你讲因果，因果这件事的因果。

开天辟地大爆炸后，终于有一天，茫茫宇宙中一粒微尘之上，人类站了起来，这是一种因果；从一粒雪滚下山坡到引发雪崩，是另一种因果；神射手拨动弓弦，惊鸟便从天空坠落，又是另一种因果；百年修得同船渡，千年修得共枕眠，因缘无非是因果。

所有理论都是关于因果的一套断言，所有预测都是将因果投向未来的一种应用，所有情感都是因果激发的一种条件反射。

我们处处离不开因果，它是我们掌握世界的快捷方式。它将繁杂简化，使波动转为稳定，把不确定变成确定。我们因此获得知识，也获得安全感，感到虽然还不是一切尽在掌握，至少有可能掌握。只要人还在用自己的大脑思考，因果就在为我们指路。

但是，大哲学家大卫·休谟（David Hume）告诉我们，世界上不存在因果关系这种东西，原因很简单：因果来自归纳，但归纳是靠不住的。

我编个故事，你就明白了。

在地球毁灭前一万年，亚当和夏娃不知道第二天太阳会不会升起，于是，夏娃拿出两个罐子，往白罐子里放了一块白石头，黑罐子里放了一块黑石头。第二天太阳升起，夏娃又往白罐子里放了块白石头，现在，对次日太阳会不会升起的预期变成二比一了。第三天，第四天，第五天……太阳每天都升起，夏娃对太阳明天依旧会升起越来越有把握。

到第一万年整结束时的最后一天，夏娃已经完全确信两点：第一，太阳总是会升起的，如果非要给个概率，那是3652424/3652425；第二，太阳之所以每天都会升起，是因为她前一天晚上往白罐子里放了白石头。

所以，放白石头这件事，事关世界存亡，绝对不容有错，它重要且神圣；另外的黑罐子里只能放那一块黑石头，既不能一块没有，也不能多出一块，否则太阳不会升起，世界就会毁灭。

但是，当天晚上，夏娃没忍住诱惑，去偷吃苹果，亚当发现放石头的工作还没做，亚当业务不熟，放错了，往黑罐子里放了第二块黑石头。

第二天，太阳没有升起，地球毁灭了。夏娃告诉亚当，都是你的错。

如果两件事总是在时间和距离上先后发生，那么通过无数次事件的总结归纳后，人们认为两者存在因果关系，先发为因，后发为果。

注意"在时间和距离上先后发生"这个限定语，这是休谟用的限定语，但替换成当代科学家、统计学家愿意置入的任何限定语也一样。这里的关键是归纳推理：如果 A 导致 B 这件事一再发生，那么，A 是 B 的原因。

休谟说这里有个大问题：归纳推理的前提是世界有齐一性（uniformity），通俗地讲就是过去发生的事情，未来还会发生。但世界有齐一性这一点，你怎么能确定呢？无非是因为过去观察到过去的过去所发生的事情，在过去接着发生了。这不就是归纳推理本身？

所以，归纳推理要成立，需要世界有齐一性，世界之所以有齐一性，又是因为归纳推理。这是个套套逻辑，能循环论证。

所以休谟得出结论：因果关系并不存在，只是人们的习惯性联想。这对因果关系的打击是毁灭性的。可以说，自休谟以来的 200 多年，就是科学家为因果关系打上各种补丁的历程，旨在把因果关系恢复为可用的工具：休谟的质问确实回答不了，但数据、观察和行为达到什么标准，我们就可以假装因果关系仿佛存在，用它来帮助我们认识、理解世界并行动。因果关系实在太重要，不能真的开除它，那么就设计一套规范，将它"留用查看"吧。

今天的科学共同体公认，使人们获得最逼近因果关系的知识的，是随机对照试验（randomized controlled trial）。如果两组试验对象一模一样，区别只在于其中一组被施加特定干预，叫试验组，另一组则没有，叫对照组，那么，干预后试验组与对照组之间出现的结果差别，就可以被看作是由干预导致的。干预是结果的因，结果是干预的果。

两组一模一样的试验对象，在真实世界里很难找到。变通的办法是随机分组，利用随机化处理来抵消两组之间其他各式各样的差别，从而推定呈现出来的差别来自试验干预。

某些随机对照试验，还用上了双盲设计。试验对象不知道自己分到了试验组还是对照组，试验者也不知道哪个试验对象被分到哪个组，以减少试验对象和试验者的心理影响。现在的药物人体试验，通常就采用双盲随机对照设计。

随机对照试验的内核，是通过严格的随机方法和实验规范，达到理想状态：做干预则有结果，不做干预则无结果，于是，人们认为干预是结果的原因。它是今天用科学研究建立因果关系的黄金标准。

有三位麻省理工的经济学家获得了 2019 年诺贝尔经济学奖，他们在做贫困人群的教育和公共卫生政策的研究时，开创性地运用了随机对照试验方法，在具体干预手段之因与提升教育、医疗水平之果之间建立了因果关系。

比如说，他们发现，把一个大班变成小班，也就是提升师生比，对学生学习水平的提升没有明显帮助；但是，如果对老师有明确的激励和约束，则对学生有明显效果。

不过，诺奖颁给他们这件事在学界引发了一些争议。批评主要针对随机对照试验方法的局限性：它必然是针对小规模人群的，毕竟你能干预几所学校，你能干预整个国家的全部教育体系吗？所以他们发现的因果关系虽然在局部是可靠的，但难以复制到全局当中去，也难以研究宏大的问题。

除此之外，随机对照试验更大的局限是伦理问题。

你试验一个新疗法，把身患绝症的病人分成试验组和对照组。对照组就是什么也不做，分到这组的病人其命运是注定的；试验组接受治疗，他们的命运是未知的。你用双盲设计来保护他们，也保护自己。因为他们承受不了命运，你承受不起责任。

你告诉自己，随机分组至少保证了机会公平。你告诉自己，之所以做试验，是因为治疗有无效果仍属未知，所以进入试验组并不一定是好事。你告诉自己这一切安排的最终合理性，来自试验结果对全部病人的潜在的好处巨大：如果它有效，得这种绝症的病人就都有救了；哪怕它被证实无效，那你在黑暗中放了一枪，知道这个方向没有前途，也是一种贡献。

可是，即使知道这一切，一个有良心的研究者也一定得时常考问自己：我做得对吗？

更重要的是，大多数时候，就不能对人做试验。比如，抽烟致癌虽然已成为医学界的共识，但它其实不符合随机对照试验的黄金标准。因为你不能把人分成两组，一组让他们抽烟，一组不让他们抽烟。所以抽烟致癌的结论，来自对抽烟人群的疾病史所做的长期观察，基于观察数据的相关性分析。

如果你是个死硬分子，还是可以决定不接受其结论的。现代统计学泰山北斗级的人物，罗纳德·费雪（Ronald Fisher）就是这么个人。他是个老烟鬼，终生不承认抽烟会致癌。他反问，你怎么就知道不是因为存在着一种基因，它使得有这种基因的人既喜欢抽烟又容易得肺癌呢？他的意思是，抽烟与患癌症是相关关系，不是因果关系，患癌症的症因在别处。

今天抽烟致癌的争论早已经翻篇，医学共同体的共识是费雪在抬杠。学界的做法是再退一步，在不能通过随机干预的方式确定因果关系时，研究者依据一组标准来辅助判断。

最早总结出这组标准的人叫奥斯汀·布拉德福德·希尔（Austin Bradford Hill），正是他组织了第一个令人信服的抽烟致癌研究。希尔标准一共九条，除了随机对照试验之外，其他八条分别是：

强度：相关性的强度高。

可复制性：相关性在不同试验中得以复制。

特异性：干预与结果之间的关系是一对一的。

时间性：结果发生在干预之后。

剂量—效果关系：干预力度大则效果更显著。

可信度：干预与结果之间存在因果关系，这事讲出来是合理的。

一致性：观察到的相关性与已有的知识体系吻合。

类比：观察到的相关性与已知的其他因果关系相似。

希尔说越符合这九条标准，则越有可能是因果关系。

这九条标准的本质很朴素。如果干预与结果总是相继出现，如果干预越强则结果越显著，如果干预与结果之间存在因果关系这种说法，跟我们的知识体系不矛盾，看起来又合理，如果它跟既有的因果关系很相似；那么，我们就很可能发现了一对新的因果关系。

希尔标准被公认为是有用的，但你不能把它当作铁律，这九条的提出至今过去了 50 多年，科学家又打了更多的补丁。说到底，它们都是一组"大拇指定律"，也就是从经验中总结出来的快捷方式。符合的话，科学家对自己的某个发现会更有信心，科学共同体也更有可能接受这一发现，但跟科学中的绝大多数事情一样，它不是绝对戒律。

科学家也没的选。他们必须寻找因果，随机对照试验也好，希尔九标准也好，后来新打的补丁也好，什么称手他们就得用什么，不能陷在怀疑论的泥潭里动弹不得。

但到最后，他们既不能忘记休谟的问题：凭什么过去发生的事将来还会发生？也不能把费雪的抬杠完全置于脑后：你怎么就能确定，不是某个我们不知道的因素在你以为的因和果背后起作用？

不能不信，不能全信。在怀疑与确信之间，科学缺不得分寸感。

这一讲，推荐你阅读《为什么》(*The Book of Why*)。该书的作者朱迪亚·珀尔（Judea Pearl）是机器智能研究的大师级人物，他反对近年深度学习学派认为的只需要相关性不需要因果关系，他认为，机器智能要取得突破，必须学习人类的因果推理。他的主要贡献是发明了 Do 演算（Do-Calculus），用观察数据模拟干预，以突破相关性的局限，达到对因果关系的洞察。

统计思维

# 用统计思维应对四阶风险

从这一讲开始，我给你讲统计思维。

对普通人来说，统计学很难，其实不光统计学难，微积分、线性代数这些数学家眼中难度不值一提的东西，对普通人来说也是那么难。不是难在计算本身，而是难在普通人看着数据就发蒙。数据对普通人来说太不直观了，不知道有什么用、该怎么用。

统计思维与加减乘除一样，生活中每天都用得到。只是普通人不知道怎么用，于是以为用不到，无法将统计学课本上的所学跟日常运用对接，反过来死死拦住了对统计学的硬学习。结果就是统计学这东西，普通人大概永远都不可能懂，考前死记硬背，考完就忘记，从此与它一别两宽，各自珍重。

太可惜了。

统计思维是那种既可以学，又必须学以致用的东西。一方面，它确实很有用；另一方面，必须用起来你才能真正理解它。

讲统计思维，我本来很犹豫。我学文科出身，按做习题的硬实力，排在我前面的理科生不是有千千万？不过，反过来想，正因为我是文科生，而且我不是在学校里而是在现实中懂得了统计思维的重要性，回过头重学统计学，再将所学内化成人生指南之一。这个过程对大多数人还是有用的。

数学家跟你讲统计学，讲得完全正确，但你听完可能还是不懂。我跟你讲统计思维，肯定没有数学家那么精确，但我相信你能听懂，因为我打通的这条思维通道，跟你的思维比较贴近。

这就开始。

养成统计思维，不能从看教材开始，而应该从面对风险开始。

每个人从睁开眼面对这个世界起，就面对着无穷无尽、各式各样的风险。风险是我们时时都得面对，必须要用系统化方法来对付的东西，而统计思维就是我们的工具箱里最主要的系统化工具。统计思维对你我来说之所以有用，主要就是因为它能帮助我们建立可用的模型，来度量风险、合理决策。

所以，统计思维的第一讲，我们从理解风险开始。

什么是风险？

巴菲特说，风险就是投资损失的可能性。你把"投资"两个字，替换成你投入到任何事情里的任何成本，就变成了人们对风险的日常生活定义：产生损失的可能性。

考试有风险，填志愿有风险，找工作有风险，找对象有风险，生娃有风险，小升初有风险，开车有风险，照 X 光有风险，等等。人们在朴素意义上使用风险这两个字，于是，人生就成了驾驭这些风险的旅程。

这种层次的风险，我称其为"一阶风险"，它是风险金字塔的基础。细细分解，它有三个模块：

你暴露在风险中的可能性；

你暴露在风险中，从而被伤害的可能性；

你如果受到伤害，其程度有多大。

举个例子，如果我出行只坐飞机，那么坐汽车发生交通事故的风险就对我没有影响，有影响的只是飞机失事的风险，这是乘坐飞机暴露在风险中的可能性。一旦飞机失事，也就是暴露在风险中以后，受伤害的可能性比较高，受伤害程度也比较大，损失必然严重。好在飞机失事概率极低，统算下来，各种统计公认，坐飞机出行比坐汽车出行更安全。我以前有个同事，坐飞机必定吓得面如土色，其实没有必要，他只看到风险事件发生后的严重程度，没看到其发生概率。

分析具体风险的方向及大小，三个模块缺一不可。

《黑天鹅》作者塔勒布讲过类似的道理。他做交易员的时候，在公司晨会上预测当天股票市场多半会跌，但他还是要买入。同事们不理解。他说，虽然多半要跌，但跌幅有限，如果市场不跌反涨，涨幅会比较大。统算下来，买入的预期收益是正的。

这是一阶风险，但风险并不会停留在一阶，因为人是智慧动物，总会想办法对付风险。有些时候能直接化解，哪怕不能直接化解，绝大多数时候总能给风险事件定个价。

君子不立危墙之下。危墙是风险事件，你可以选择不站在下面，规避风险。但是，如果必须有人站在危墙下面，这件事并不是做不到的，重赏之下必有勇夫，钱给够了，一定有人会走过去站在墙下。只要是能定价的风险，价格就为风险做了对冲。这世界上能有多少风险是人无法为之定价的呢？

当一阶风险能定价的时候，风险就落入了我们的预期之中。而但凡落入我们预期之中的风险，被对冲后就在一阶的意义上消失了。但是，风险不会彻底消失，它会以二阶的形式归来。

所谓"二阶风险"，指那些偏离我们预期、意料、计算的风险。凡是符合预期的一阶风险，我们都能采取行动，给出价格，把它给对冲掉。但偏离预期、出乎意料、没计算到的那些风险，所谓二阶风险，我们怎么办？

比如说，世界卫生组织统计，近年来，全世界道路交通事故平均每年造成 125 万人死亡。平均每年 125 万人死亡这个平均值，就是我们的预期和意料，这是一阶风险。保险公司可以计算出保费，开出保单，为人们提供对冲风险的工具。但是，具体到每一年汽车事故造成多少人死亡，这个数字肯定是起起伏伏，有多有少。

有意思的是，我们的预期是基于平均值的，但现实中几乎没有什么数据会落在平均值上，绝大多数时候都会有所偏离。你按百年一遇的洪灾做准备，结果第二年就发生了千年一遇的洪灾，这种事天天都在发生。这个世界上，每天都在发生万年一遇的风险事件。

当我们为预期的定价对冲掉一阶风险之后，剩下的这些与预期的差距，用数字来表示与均值之间的距离，就是我所说的二阶风险。

经受过一阶风险的洗礼后，二阶风险照样能干掉你。马克·吐温（Mark Twain）说，那些干掉我们的，不是我们不知道的东西，而是我们自以为知道的东西。

二阶风险之外，我们将面对三阶风险，就是那些我们对其知道得更少，只知道其存在，但一不知道其平均值，二不知道其个体数据偏离均值程度，因此无法形成预期的风险，术语一般称为不确定性。我之所以称其为"三阶风险"，是因为二阶风险虽然是意料之外的，好歹你还能意料，三阶风险则是你只知道不妙，但你连该意料什么都不知道。

比如说，对外星人明天会不会造访地球这个问题，你有何意料？你知道它不违反逻辑学，所以是可能的，但它事实上从未发生过，这世界上也不存在跟外星人接触过的地球人，此前也没有人跟外星人交换过任何信息。我们没法意料，不能形成预期。

三阶风险已经够难对付的了，但在它之外还有四阶风险，就是那些我们对其真正、彻底、完全一无所知的风险——没有预期，更不知道偏离预期的程度和范围，甚至根本没有想过其是否存在。换句话说，我无法举出一个对人成立的例子——但凡我能想出来的就已经不是四阶风险了。就打个比方吧：对恐龙来说，陨石撞地球就是它的四阶风险。

面对这四个层次的风险，统计思维能帮到我们的各有不同。

对一阶风险，统计思维让我们总是先去寻找基础概率，随时做数字管理，将我们的思维颗粒精细化。

对二阶风险，统计思维给我们提供了一套经典工具，但凡发生过多次形成一定频率的，就能有一套统计学方法来处理它，在已知与未知之间搭一座天梯。

对三阶风险，统计思维给我们提供的是贝叶斯推理，哪怕要渡过完全陌生的河流，也能为你摸着石头过河提供指引。

对四阶风险，那些我们连其存在都一无所知的风险，统计思维的用处有限，任何思维在它面前用处都有限。没有什么工具能帮我们做针对性准备，就像没有什么能帮助恐龙事前对付它并不知道的天降陨石一样。

对完全未知的风险，我们能用来面对它的，只有多元化生存，尽可能不被一击致命，充分地展开自己选择的生活，并在最后一刻到来的时候，坦然接受命运。

# 一阶风险：找准你的位置

上一讲，我把风险分成四阶，一阶风险是对可能的损失的预期，二阶风险指的是对预期的偏离，三阶风险是那些我们无法形成预期的风险，四阶是我们连其存在都不知道的风险。我会一阶一阶来细讲。

这一讲，先讲统计思维怎样帮助我们处理一阶风险。

一阶风险就是我们日常理解的风险。别人告诉我会死在哪里，我就不去哪里；投资时人太多的地方不要去；看不清楚、搞不明白的时候，要先跑掉再思考；等等。

我们的语料库里留下了无穷无尽的关于风险的格言，是无数鲜血凝结而成的教训。关于风险，每个人都有朴素的认知。

之所以说我们对风险的认知是朴素的，是因为即便是对一阶风险的理解，我们都是远远不足的。我们发现风险的能力还可以，但度量风险的能力很差。定性还凑合，定量基本不行。

大多数人在大多数时候的行为，只是在外部刺激下的本能反应，不思而应。心理学家、诺贝尔经济学奖得主丹尼尔·卡尼曼（Daniel Kahneman）称这样的思维为"系统1"，它速度快，几乎不占用大脑内存和运算资源。

相比之下，思而后应的时候非常少。所谓思，在这里不是什么深邃思考，其实是统计思维，收集和处理数据，根据概率决策。卡尼曼称其为"系统2"。它慢，耗费大脑资源。我们不轻易用它。

不思而应与统计思维之间的区别，首先就是思维颗粒的精细化程度不同。

在小朋友心智成长的关键阶段，他们看电影时总会缠着大人问谁是好人谁是坏人。心智初开，只能分黑白、进退、对错、好坏、阴阳。"易有太极，是生两仪"，指的就是这阶段。大多数人在大多数事件面前，思维永远停留在两仪这个颗粒精细度水平上："告诉我谁是坏人，我打他！"

二分法本质上是个开关，本来有很强的演化合理性。在大草原上，羚羊要是看见树丛一动，它可没时间精细化思考树丛后有只猎豹的概率，它得马上逃跑，要不然就来不及了。跑错了不过虚惊一场，不跑却有可能死无葬身之地。演化给人埋下了同样的开关算法，关键时刻用来救命。

但开关算法太过粗糙，对于社会中越来越复杂的风险事件，它处理不了。太极生两仪，还得再往下走，两仪生四象，四象生八卦，八卦再组成六十四卦。停下来，算一算，一件事的吉凶能分出 64 种层次。要是不停下来算，那你一辈子就只是个开关。

《周易》的颗粒度很精细了，但还有个问题，它其实是 64 种定性分析，还不是定量分析。古人用来把握世界的模型没有统计思维的帮助，但今天我们有了，我们应该做得更好。

第一，量化风险。

量化首先就应给出数字。语言不精确，往往各有各的理解。我曾经与父亲争执不休，他认为"一百多"这三个字指的是一百上下，我认为指的是一百多一点。谁也说服不了谁。

原来我以为这只是我们父子较劲，后来在《超预测》（*Superforecasting*）一书里看到，美国中央情报局也有类似的问题，他们曾经把预测强度分成四级：几乎不可能、有可能、很可能、基本确定。后来才发现，原来，对每个情报分析师来说，这些词对应的概率区间都不一样，有人认为很可能是 80% 可能，有人认为很可能是 60% 可能。我才明白，原来大家都是稀里糊涂的。

第二，凡事先找默认值。

无论面对什么，要强制性地、刻意地形成第一反应：这件事，这个风险的基准水平是什么？

基准水平就是默认值，它是关于一件事、一种风险已有的可靠统计数据。它是两层意义上的平均值：在人群中的平均值和在不同时间段之间的平均值。

举个例子，生病了去看医生，医生让你拍 X 光胸片或者拍胸部 CT（计算机体层摄影）。你拍还是不拍？拍的话，拍哪种？

绝大多数人都在定性的意义上知道射线扫描对身体有害，但不能为有害的程度定量。相当多的人在定性的意义上知道 CT 扫描对身体的伤害比 X 光大，但具体大多少也无法定量。如果你要把医疗决策权拿在自己手中，你得知道下面这些基准数据：

每次拍 X 光胸片身体会吸收 3.7 毫拉德[1]（millirad）的辐射量，每次拍胸部 CT 会造成 780 毫雷姆[2]（millirem）的辐射强度。毫拉德和毫雷姆是辐射的计量单位，数值越高，人体所受的辐射越多，致癌率越高。

具体是多高呢？人体每受 100 毫拉德的辐射，一生中得白

---

1　拉德（rad）是已废除的吸收剂量的计量单位。1 毫拉德等于 0.001 拉德，1 拉德等于 0.01 戈瑞（Gy）。——编者注

2　雷姆（rem）是已废除的剂量当量的单位。1 毫雷姆等于 0.001 雷姆，1 雷姆等于 0.01 希沃特（Sv）。——编者注

血病的概率上升 1/10 000 000，得肺癌的概率上升 1/6 000 000，得淋巴癌的概率上升 1/20 000 000。

这组数据是在各个时间段和各个人群中的平均值，它表明了医疗射线致病风险的基准水平，形成我们在自己面临这类风险时的预期，是我们应该从中出发的默认值。决策时，我们会在此基础上再加入自己的个体因素。

这里有两个要点：

第一，X光、CT的辐射风险平均而言很小，跟它提升诊断准确性的好处相比，承受这点风险绝大多数时候是合算的。

第二，哪怕风险概率急剧上升，你也不必马上感到惊恐。拍胸部CT的辐射量是拍X光胸片的约200倍，其致癌风险大约也上升了200倍，但这并不意味着拍胸部CT很危险。极小概率的风险显著上升后，风险仍然很小，讲增长率不讲基数等于要流氓。

根据风险的基准水平确定你对风险的预期，这个决策的质量取决于统计数据的质量。

我刚才讲的这些医疗检查的辐射风险的数据来自手边一本书——《风险指南：分辨你身边真正安全和危险的事物》（*Risk: A Practical Guide for Deciding What's Really Safe and What's Really Dangerous in the World Around You*），两位作者

大卫·罗佩克（David Ropeik）和乔治·格雷（George Gray）分别出身哈佛大学风险分析中心和哈佛大学公共健康学院，系统收集了美国人在日常生活里，常见环境中以及医疗决策时的 48 大类主要常见风险的基准数据。

人生在世并非事事不可知，有许多事情已经有可靠数据定量分析。越多数量的人越多重复的行为，其风险基准就越稳定；社会越稳定成熟，其搜集统计的风险基准数据就越完备，也越容易被公众获得。在这一方面，美国是全世界的典范，中国在这方面很"偏科"：消费行为的大数据领先全球，其他数据差距太大。

问你个问题：哪种意外事件最危险，造成最多死亡的事件是什么？在书里翻到答案时，我是很意外的。

是摔倒。

以美国为例，《风险指南》写道，因摔倒致死的比例是十万分之六，稳居所有事故的死亡率之首，平均每年有一万多个美国人死于摔倒，远超中毒、溺水、火灾、枪击等意外事件造成的死亡人数。

摔死很惨，没摔死也很惨：每年平均每三个美国老人中就有一个摔伤。老人若摔伤骨折，难以恢复，往往从此不能摆脱轮椅和护理人员，生活空间和质量就此崩塌。

我之所以用美国的数据，是因为我没有中国的数据。目测在中国，这些数据只高不低。没有风险基准数据的统计和发布，间接导致社会普遍忽视这一风险，进一步导致几乎无相应的防范安排。请问你家中有无老人？洗手间有没有安装防滑倒装置？房间里有没有实现无障碍通行？家里尚且如此，公共场合更是不知从何说起！

完备地统计常见风险的基准数据，并让公众易于获得，这件事上中国与美国的差距实在太大了。所以我推荐你找这本书来看，当作家庭风险百科全书备查，里面提到的大多数风险都可参照。凡事不决查一查，改善决策质量立竿见影。

第三，对风险的取舍是你自己的事。

上一讲中讲到《黑天鹅》作者塔勒布的操作，虽然预计股票市场会跌，但还是要买入。因为预期跌幅有限，如果市场反过来不跌反涨，则预期涨幅较大，这样统算下来，买入的预期收益是正的。他的逻辑就是要高度重视损益较大的小概率事件，特别是超大损益的超小概率事件。这也是《黑天鹅》这本书的精髓所在。

伯乐的做法则与他相反。伯乐是中国历史上的相马第一人。他收徒弟，不喜欢的徒弟就教他相千里马，喜欢的徒弟就教他相驽马，也就是普通马。为什么呢？因为千里马不常有，专相千里马的，一年也上不了一次工，相驽马的就天天有活干。跟塔勒布相比，伯乐更重视对大概率事件的把握，哪怕单次收益小。

高损益小概率事件和低损益大概率事件，你更重视哪一个？你的气质偏塔勒布还是偏伯乐？其实都可以。他们都是统计思维大师，你走哪条道路都可以。记住，风险既不是概率也不是后果，而是其乘积，你的选择谈不上对错，只是气质的偏好。

要形成对风险基准的合理态度，最难的还是承认自己绝大多数时候并不特殊。

大多数人在大多数事情上，都默认自己在平均水平以上。这种认知偏差之所以会形成，是因为这世界上没有一个人是平均的。而每个人对自己的特殊性过于熟悉，所以对自认高于平均总有很合理的解释；同时，每个人对他人的特殊性既陌生也不关心。结果是，不懂得在大多数事情上，大多数人的特殊性会相互抵消。

换句话说，重视风险基准水平，是外部思维，从整体看；困于自己的特殊性，则是内部思维，只看到自己的那点千千结。

摆脱内部思维对所有人来说都很难，可惜只有天才和幸运儿才无须摆脱内部思维，绝大多数人必须强制性地压抑内部思维。要将基准水平当作决策的起点，不要把自己的特殊性当起点。

这一讲，我给你讲了面对一阶风险时如何利用统计思维做决策：

第一，要精细化思维的颗粒，形成对风险的量化预期。

第二，风险预期的默认值是基准水平，也就是靠谱的统计数据，它是人群的平均值和跨时间段的平均值。

第三，抑制内部思维，不要困于自己的特殊性，除非有足够相反证据；要刻意启用外部思维，要求自己在大多数事情上从基准出发做判断。

# 二阶风险：以已知推断未知

上一讲，我们讲了一阶风险，也就是可能的损失。这一讲，我们讲二阶风险。它与一阶风险的差别是这样的：一阶风险是已知风险的预期值，二阶风险则是对预期的偏离，所谓预期差。通俗地讲，一阶风险是意料，二阶风险是意外。

人是预期动物，从过去搜集数据，放在现在思考，向着未来行动。但凡风险在意料之中，就能采取行动，消化风险。但若在意料之外怎么办？

上一讲说到，美国平均每年有十万分之六的人死于摔倒，但每年死于摔倒的人数比例肯定都不一样，有的年份会高，有的年份会低。保险公司如果只按十万分之六来给意外险定价，遇到事故发生得特别多的年份，就亏死了。虽然长期中，这个比例会回到均值，但要是短期中保险公司绷得太紧，没留出余地，在短期中就挺不住倒闭了，那长期对它没有用处。对冲意料之中的同时，还要给意料之外留出余地。

怎样衡量这个余地？

偏离预期的程度小，风险就小；偏离预期的程度大，风险就大。统计学提供了一把能够测量偏离程度的尺子，帮你度量风险，它叫标准差。

标准差度量数据偏离平均值的程度。

以上面讲的摔倒为例，它是这样得出来的：首先把每年美国人实际死于摔倒的比例依次减去平均值；值可能为正可能为负，所以取平方再相加，再除以年数，就得到了方差，再开平方得到标准差。标准差越大，这组数据偏离其均值的程度就越高，风险就越大，反之则越小。

如果你知道一组数据的均值和标准差，那么，哪怕不知道每个具体数值是什么，你已经驯服了其中隐藏的大部分风险，如果这组数据是正态分布的，那简直相当于驯服了全部风险。

所谓正态分布，其函数图像呈现为钟形曲线，左右对称，最高点是这组数据的平均值，向左右两侧往下，伸展出尾部，好像一口钟。

在正态分布里，数据非常集中，绝大多数数据集中在平均值周围，极少部分分布在两侧尾部。具体来说，在距均值一个标准差的距离内，有 68.26% 的数据，两个标准差之内有95.44%，三个标准差之内就能涵盖99.74%。得到钟形曲线，意味着二阶风险尽在掌握。

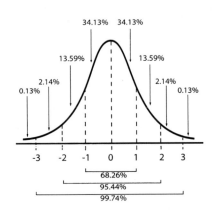

正态分布曲线，衡量二阶风险的黄金之钟

面对钟形曲线，你能精确地表达自己想要拥有多少风险。来一个标准差，还是两个、三个？

你读论文看科普文章，谈风险时最常见的一个数字是5%，这不是偶然，它对应着约两个标准差的数据。两个标准差以外的尾部是小概率事件，被认为不大会发生，管住95%的风险就足够了。

如果是智商，则两个标准差之内对应着智商70到130的区间，其两侧分别是弱智和天才的门槛。普通人的智商则在一个标准差之内，85到115之间，超过2/3的人其智商都在这个区间。

用钟形曲线刻画风险，让人对其了如指掌。

当然，正态分布、钟形曲线并不是这个世界的常态。正态分布要求事件随机可重复且彼此相互独立。世界上太多事情或者不随机，或者不可重复，或者并不相互独立。

比如收入就不是正态分布，它既不随机也不独立，因此收入分布的图像不是钟形曲线，更像金字塔状结构，所谓"二八法则"，20%的人拥有全社会80%的财富，层层往上。

之所以说世界是未知的，从统计思维的角度看，就是因为把世界当作总体来看，它的数据怎样分布对我们而言是未知的。黑夜里走路，手电筒能照亮眼前一小段路，但灯光之外的黑暗里有多少坎多少沟多少洞，我们看不见。

所幸，统计学有大数定律和中心极限定理这些工具，在看得见与看不见之间，给我们搭了一座天梯。不管总体是怎样分布的，只要抽样过程满足随机、独立性的要求，样本容量足够大，那就能获得两个关键结果：

第一，根据中心极限定理，样本的均值呈正态分布。

第二，根据大数定律，样本均值的均值约等于总体均值。

也就是说，统计学能构建一个我们恰好会处理的正态分布，并根据它的性质来对总体做出推断。

总体均值，样本均值，样本均值的均值，三个层次的概念很绕，我来举个例子。

比如说，你想知道北京市所有居民的平均收入。前面说了，收入不是正态分布，另外，北京有 2000 多万常住人口，你也不可能穷尽每个人的收入信息。那你怎么才能知道平均收入？

如果你多次随机抽样，每次相互独立，样本容量足够大，比如每次抽 400 人，总共抽样 1000 次，那么：

第一，我们想知道的是北京市居民的平均收入，这里叫作总体均值。

第二，通过 1000 次抽样，产生了 1000 个样本，每个样本中的 400 人有个平均值，叫作样本均值；1000 个样本的均值之间还有个平均值，叫作样本均值的均值。

第三，样本均值的均值约等于总体均值，所以，只要获得这些样本均值，再取其平均值，我们就得知了北京市居民的平均收入。

抽样 1000 次只是我为了方便解释，现实中没有人会这么麻烦，抽样调查毕竟是有成本的。现实中往往只抽一次，一次就够用。

为什么？

复习一下：中心极限定理告诉我们，样本均值呈正态分布；大数定律告诉我们，样本均值的均值，约等于总体均值。

现在，只抽一次样，只产生一个样本均值数据，要用它去推断北京市居民的平均收入，等于要回答这个问题：在那个样本均值的正态分布里，如果只知道其中一个样本的均值数据，那么，它与样本均值的均值也就是总体均值，也就是北京市居民的平均收入的距离是多少？

回答这个问题，只需要再知道一样东西：样本均值的标准差。

我们并不知道样本均值的标准差，唯一知道的是这一次抽样的 400 个人其收入的样本标准差。统计学的处理方法是，用样本标准差除以样本容量的平方根，来推算样本均值的标准差。这法子并不完美，但没有更好的办法。统计思维有什么就用什么，并不会因为不完美就停在那里不往前走。

好了，现在推断北京市居民的平均收入的条件都已具备：

第一，你只要判断样本均值的均值就可以了，因为它约等于总体均值。

第二，根据样本标准差，推算样本均值的标准差。抽样得到的单个样本均值，距样本均值的均值的距离，等于样本均值的均值距样本均值的距离——你跟我的距离，等于我跟你的距离。

第三，用样本均值的标准差，来衡量样本均值与样本均值的均值的距离。

在这个例子里，你通过抽样已经得到了样本均值，样本均值的标准差已推算出来，至于距离样本均值的均值，也就是北京市居民的平均收入几个标准差，就看你的要求了。如果你要求估计得宽泛一点，标准差个数就多一点；估计得精准一点，标准差个数就少一点。

假如抽样调查 400 人得到的均值是年收入为 8 万元，标准差是 2 万元，那么，推算样本均值的标准差是 20000 除以 400 开平方根（即 $\frac{20000}{\sqrt{400}}$），等于 1000。那么，我就有 95% 的把握，北京市居民的平均收入在 7.8 万到 8.2 万之间，它对应着两个标准差；有 99.7% 的把握，北京人的平均收入在 7.7 万到 8.3 万之间，它对应着三个标准差。估计得越宽泛，我的把握就越大，反之亦然。

上面这个操作，统计学里叫作置信区间。你日常看见的许多统计数据都依据区间估计，人均收入是，美国总统大选结果的预测也是。它表面上是一个数据，实际上这个数据总是伴随着一个区间，还有一个与区间对应的置信水平，就是有把握的程度。

到这里，统计学入门的核心就都有了。在已知与未知之间，统计学就这样给我们搭了一座天梯，剩下的就是把正态分布、钟形曲线掰开揉碎的各种应用：

如果已知均值和标准差，你就知道任何一个数据在分布中的位置。这操作叫点估计。

如果已知样本均值和标准差，去估计未知的总体均值，这操作叫区间估计。

如果已知总体均值，想检验一个新假设，于是用抽样的方式获得样本均值，再考察样本均值出现的概率是否落在给定的显著性水平之内，由此决定是否接受这个假设，这操作叫作假设检验。

如果已知你面对的是个正态分布，事情很简单；如果你不知道面对的是什么分布，那么，在未知的总体与你已知的抽样之间，统计学用大数定律和中心极限定理戏法，构建出一个正态分布的中间层，再根据你预定的精度要求，用抽样数据透过中间层去推断未知。

点估计、区间估计、假设检验，这些令普通人头昏脑涨的东西，本质都是同一套操作，差别只在于总体均值、样本均值、精度要求当中，你给定哪一个，求解哪一个。

我最后再给几个提醒。

第一，统计学的核心不是梳理已知。绝大多数时候它不是列举全部数据，那是大数据干的活。统计学针对的是小数据，核心是用已知推断未知。

第二，统计学依靠数学但不是数学。它尽可能严格但没法严格到底，在没理想工具的时候，它有什么用什么，在我们预定的精度水平上去推断未知。看跟统计有关的任何结论，一定不要只看单一结论，还要看置信区间多大，预定的精度是多少。

第三，未知地带总是有意外在等着我们。以股价为例，现代早期金融学将股价波动近似地当作正态分布来处理，但正态分布过于低估了小概率重大事件出现的概率。

1987 年华尔街的"黑色星期一"，道琼斯指数跌幅达22.6%，按正态分布算出来的概率小到整个宇宙诞生以来的时间长度都不够这种事发生一次。股票指数的涨跌不是正态分布，现在已成常识，那它到底是什么分布？用什么工具去处理它？金融界到今天还在打补丁。

所有模型都是错的，好在有些还有用，能用的将就用，不能用的就修一修接着用。

# 三阶风险：一切皆可博

上一讲说了怎么应对二阶风险——用已知的抽样数据，在统计学的支持下构建一个正态分布，再以正态分布为桥梁，去推测未知数据的分布。

这是统计学入门的标准操作，叫作频率主义。它之所以能以所知知所不知，是以频率为前提的——事情必须重复发生，才谈得上做推断。

用频率主义帮助你面对风险做判断和决策，有两个问题，一个是小问题，一个是大问题。

小问题是，大脑不是计算器，不能随时随地去计算均值、标准差、置信区间、显著性水平。不做运筹管理、学术研究的话，你很少会用到这套统计学的操作。

大问题是，你面对的许多事情不怎么重复，而且越重要的事情越是不可重复，最重要的事情往往是一次性事件。频率主义派面对这种事情只得摊开手：一次性事情没有概率可言。

那怎么办？"弃疗"吗？

还好，统计思维还有另一套工具：贝叶斯推理。

频率主义是客观的，其基础是一件事发生的频率；贝叶斯推理则是主观的，基础是你对一件事发生的信心。客观的好处是客观，坏处是没有就是没有。主观的坏处是主观，好处是可以无中生有，它拥抱先入之见，敞开怀抱接受各种性质的信息，不限于频次。

做个抛硬币的游戏。拿出一枚硬币抛两次，请问两次都是正面朝上的概率是多少？

是 1/4 吗？

正常硬币一次正面朝上的概率是 1/2，两次就是 1/4。最基础的概率论知识告诉你两次正面朝上的期望值就是 1/4。

但是，假设你对硬币一无所知，并不知道硬币有没有被做过手脚，做过手脚的话搞不好总是正面朝上，或者总是正面朝下。你会说，瞎猜还有完吗？如果硬币被做过手脚，天知道两次正面都朝上的概率是多少？

托马斯·贝叶斯（Thomas Bayes）就敢来试试。他说，两次正面朝上的概率是 1/3。

他这么算，掷两次硬币，总共有三种结果，一种是两次正面朝上，一种是一次，一种是一次都没有。那么，两次正面朝上的概率就是 1/3。

你很难接受是吧？这里的重要前提是，你对硬币是否被做过手脚一无所知。频率主义者认为，没做手脚的话概率是1/4，做过手脚的话则不可知。在反复掷硬币之前什么都不知道。

但你是个人，总不能被无知困在原地，总要制订计划，找个立足之地，找条走出去的路。这时你就用得上贝叶斯推理了。贝叶斯觉得，正是因为你什么都不知道，所以不妨从1/3这个起点出发，每掷一次调整一下看法，掷的次数足够多后，你就知道它靠不靠谱了。

贝叶斯推理我在前两本书里都有过介绍，主要是在《跨界学习》中"训练贝叶斯脑"那一节，建议你去看一看。有一种简单的贝叶斯推理方法：凡事不决，摘花瓣。她爱我，左边放一瓣；她不爱我，右边放一瓣。最后算算两边花瓣的比例，你便得到了这宗单相思的期望值。

"花瓣推断法"的理念来自法国数学家皮埃尔·西蒙·拉普拉斯（Pierre Simon Laplace）。他假设，如果我们对某个问题一无所知，那么就列出所有可能，分配以相同权重，以此为起点。然后，新的经验带来信息，相应调整权重，花瓣渐渐成堆，你的看法就成形了。

当然，绝大多数时候，我们不是从零开始形成看法的，而是将老看法更新为新看法。贝叶斯推理告诉我们该怎样进行更新。

关于这个世界上的任何问题，你都可能有一个看法，或者叫作理论，或者叫作设想。我们谦虚一点，统一叫作假说。假说对不对呢？要看证据。

有了一个假说之后，你目睹了一件事，听到了一个信息，或者哪怕你只是做了一个梦，没关系，我们把这些都当作证据。贝叶斯推理告诉你，在新的证据面前，我们如何刷新对已有假说的信心。

公式：

P（假说 | 证据）= P（证据 | 假说）× P（假说）/ [P（证据 | 假说）× P（假说）+ P（证据 | 其他原因）×P（其他原因）]

这个公式能显示新证据是怎样刷新我们对假说的信心的，它取决于新证据是因为假设成立，还是因为其他原因而出现。假设成立这种原因占所有可能的原因的比例，就是我们在获得新证据后对假说形成的新的信心。

比如，一宗凶案发生了，福尔摩斯发现，作案时间里，平常见陌生人就叫的猎犬没有叫。福尔摩斯认定是熟人作案。套用贝叶斯推理，熟人作案所以猎犬不叫的可能性，在猎犬不叫的所有可能组合当中占到多大比例？

福尔摩斯说，排除掉所有原因后，那个再不可能的原因也是原因。在情感上再不愿意接受熟人就是凶手这个事实，也得在理智上承认——如果猎犬见到陌生人一定会叫，那么凶手只能是熟人。福尔摩斯断案如神，靠的就是将贝叶斯推理进行到底。

实事求是地说，上面那个贝叶斯推理的标准公式还是会让绝大多数人头晕。证据在多大程度上证实了假说，要看证据之所以出现在多大程度上是因为假说成立。太绕了。

好在，如果是在两个互斥的假说之间做取舍，贝叶斯推理有种绝对清楚简易的表达——把它变成一次打赌。这也是为什么一个真正的"贝叶斯人"必须随时准备为自己的判断下注。

打赌具体参照的是下面这个公式：

新赔率 (posterior odds) = 似然比 (likelihood ratio) × 旧赔率 (prior odds)

我解释一下这三个概念。

什么是赔率？若你买足彩的话应该很熟悉。假如皇马对巴萨你买皇马赢，赔率一赔一，意思就是你下一块钱的注，输了归零，赢了拿回两块钱。赔率与概率有个对应关系，一赔一意味着双方机会均等，你认为皇马有 50% 的概率赢。旧赔率指你原来对皇马有多大概率赢的判断，新赔率指新信息进来后，你形成的新判断。

假设你发现一个惊天秘密，皇马教练买了巴萨赢球。怎样用这个发现来更新你的赔率?

关键就是似然比。似然比 =（如果皇马会赢球，皇马教练买巴萨的可能性）/（如果皇马会输球，皇马教练买巴萨的可能性）。

结果肯定是微乎其微。似然比，比的就是两个相反假设各自导出同一个结果的可能性大小。这个例子里，皇马教练掌握了绝对的内幕信息，又没有人会主动去做赔钱买卖，那么，这里的似然比估计有个 1% 就是很客气的了。

套进上面的公式:

似然比 =1%

旧赔率 =1

新赔率 =1 × 1%=1%

也就是说，赔率原来是一赔一，当你得知皇马教练买了巴萨赢之后，应当更新成一赔一百。你得马上去买巴萨赢，一直到官方的赔率跟上来之前，你都是赚的。

但凡是这种在两个互斥假说之间做取舍的情景，用赔率来表达与用条件概率来表达，两者是完全等价的。具体的计算方法我写在附录里，你可以到本节末尾去查。

赔率算法的优势是更简单，确定自己愿意为原来的看法如何下注，乘以新信息带来的似然比，你就知道自己应该把下的注调整到多少了。

一个表里如一的"贝叶斯人"应随时准备下注，因为他的世界观是用赔率构建的。看什么都是赔率，表达看法就是下注，下注就是表达看法。知行合一，莫过于此。

如果你想像一个"贝叶斯人"那样来对待风险，要记住几点：

第一，你得准备好永远告别确定性。"贝叶斯人"的世界里没有 1 和 0。如果一件事绝对会发生，或者绝对不会发生，那么你连赔率都开不出来。

第二，你得随时更新自己的看法，如果新的证据足够强，你要弃昨日之你如敝屣。

第三，你也要意识到，证据未必会将起点不同的"贝叶斯人"带到同一个地方。这是我近来认知更新之处。

我曾经以为，不论起点的差别多么大，只要诚实地根据证据持续刷新看法，"贝叶斯人"的看法总会趋同。现在我确定并非如此。假设有三个人，第一个人认为上帝是仁慈的，第二个人认为上帝是残暴的，第三个人认为上帝对人是冷漠的。这三位面对同一件事，都能用这件事来强化自己已有的看法。

坐井观天，拥抱先入之见，使"贝叶斯人"在面对任何陌生风险时，都不会僵住而不知所措，这是保佑，也是诅咒。

统计思维课到目前为止，我讲了三种风险，一种是有预期的风险，即一阶风险；一种是偏离预期的风险，即二阶风险；一种是我们对它主观形成某种预期，先用起来然后再调整的风险，这是三阶风险。

对不同风险我们要形成不同的肌肉反应。对一阶风险我们要条件反射地去查找其基础概率，对二阶风险我们首先要找出标准差，对三阶风险我们首先要确定新信息对老看法的似然比。

现在我要讲的是四阶风险，就是我们不仅对它是什么一无所知，还对它的存在本身也一无所知的风险。

我无法举出哪怕一个四阶风险的例子，因为只要我举得出，它就从四阶降到了三阶。我只能类比地举个例子，对恐龙来说，陨石撞地球就是四阶风险，恐龙对能把它们灭绝的风险一无所知。

那么，四阶风险你要怎么对付？

第一个办法：使自己总是处于不被一击致命的状态，因为你不知道会杀死你的风险来自何方，所以只能在各个方向都有所准备。它叫作多元化。

多元化不一定能确保让你躲过风险，但它能保证让你比那些单一化的人，有更大的机会免于被风险一击即垮。

第二个办法：做现在看起来没必要做的灾难准备。

灾难准备要有用，几乎总是要在看来没必要的时候做。等发现有必要的时候再做，已经太晚了。一是因为灾难的降临不是线性的而是加速的，越是趋近降临之前越快，来不及；二是因为到那时逃生的跑道太拥挤，你跑不过别人的。

第三个办法：珍惜当下，享受现在。这是"斯多葛[1]人"的选择。洞察一切美好终将如泡影般消逝这一事实，因此要享受美好，让当下过得有价值。

面对风险，统计思维能帮我们的都帮到了，剩下的得靠我们自己。

## 附录

在两个互斥假说之间做取舍，用赔率来表达与用条件概率来表达，两者是完全等价的。

本来有两个假设 H1、H2，现在出现了新信息 E，按照条件概率公式，应该这样刷新 H1 和 H2 的概率：

P（H1|E）=P（H1）×P（E|H1）/P（E）（1）

P（H2|E）=P（H2）×P（E|H2）/P（E）（2）

其中，

*P*（*H1*）、*P*（*H2*）是先验概率，*P*（*H1/E*）、*P*（*H2/E*）是后验概率。先验概率之比 *P*（*H1*）/*P*（*H2*）是原赔率，后

---

1  斯多葛学派是古希腊罗马的哲学学派之一，提倡顺应自然。——编者注

验概率之比 $P$（$H1/E$）/$P$（$H2/E$）是新赔率。

$P$（$E/H1$）是新信息 E 出现后 H1 的似然率（likelihood），$P$（$E/H2$）是 H2 的似然率，两者之比即似然比。

将式（1）除以式（2），可得：

P（H1|E）/P（H2|E）=P（H1）/P（H2）×P（E|H1）/P（E|H2）

也即：新赔率 = 原赔率 × 似然比

"贝叶斯人"指南：

1. 你得准备好永远地告别确定性。

2. 你得随时更新自己的看法，如果证据足够强，你要弃昨日之你如敝屣。

3. 同一个事实可能会强化集中完全不同的看法。这是保佑，也是诅咒。

权谋

# 战国时代：豺狼法则

无论你喜欢不喜欢，今天，我们正在重新进入力量平衡（Balance of Power）的世界。这一讲，我跟你讲讲力量平衡的世界是什么样的。这个无须预测，回顾就好了。

历史绝大多数时候都在力量平衡的统治之下，这一点都不新鲜，尤其是对中国人来说。它是中国人比较熟悉，也学习得相当充分的一种游戏。

最著名的力量平衡游戏，发生在战国时期。

战国拉开帷幕，所有人看到的都是同一个场景，也都一起调到了"豺狼模式"。

"豺狼模式"好理解。春秋、战国之分界，就是三家分晋，赵、魏、韩三个家臣坐大，把晋国给瓜分掉了。

晋国与周朝同姓，是周朝分封的一等一的大诸侯，其家臣把主君干掉，把其封国给分了，周王也只好追认事实。不追认也没办法，人家凭实力说话。礼坏乐崩，于此为甚。旧秩序下的旧道德，荡然无存。

那些没有迅速切换到"豺狼模式"的大人物，早已出局。比如曾经是"春秋五霸"之一的宋襄公，还坚持用贵族之间的默契礼仪打仗。他跟楚国会战时，楚军渡河渡一半时不出击，楚军未列好阵不出击，非要等楚军列阵完毕后再出击，结果他战败了，并伤重而死。

虽说春秋无义战，但春秋时期确实还有不少旧秩序的遗存。

春秋五霸，这个霸字，原来是伯，伯的意思就是大哥。春秋五伯，就是春秋时期的五个带头大哥级的诸侯。他们在周王东迁，丧失实际权力之后，相继而起，以自己为核心，担起维系天下秩序的责任。齐桓公、晋文公、楚庄王、秦穆公，还有刚说的这位宋襄公。五伯尤以齐桓公为代表，九合诸侯而一匡天下。维护秩序这件事，面子很大，但容易被人搭便车。最终，"大哥模式"被扫下了舞台。

汲取五伯教训，战国新君主们玩的是另一种游戏，吞并与反吞并。没有谁觉得当大哥本身有多了不起，他们对周朝的血缘政治伦理完全脱敏。

在吃掉或者被吃掉的严酷环境中，一切计算都围绕着权力，而权力的上升与国土的扩张、战士的增加是一回事。所谓"战国七雄"，就是战国七匹狼。

豺狼们看到的沙盘推演是一模一样的。战国在本质上是所有人对所有人的战争，但在时机不成熟的时候你就这么干，无非第一个被其他豺狼消灭掉而已。你去咬谁，你的后方和侧翼就会暴露在其他豺狼面前。所以，你必须拉帮结派。

齐楚燕韩赵魏秦，纵向自今天的河北到湖南，横向从陕西到山东，画下了一个十字。秦在西方，齐在东方，从北而南是燕、赵、魏、韩、楚。

七匹狼之中，秦国最强，商鞅变法创造了那个时代的国家总动员模式，全国只剩三种人：军人、农民、官吏。它将战争从贵族之间解决争端的机制，彻底变成了举国模式驱动下的国家对抗，迸发出巨大的能量，将秦从西陲边缘国家一举提升为问鼎天下的第一强国。秦国还拥有地缘优势——关中险固，天然堡垒，最不用担忧两面作战。

关东诸国实力不平均，楚国最强，且六国没有一个不面临着两面乃至多面作战的风险。东面的齐与燕、赵、魏、楚接壤，南面的楚与秦、魏、韩、齐接壤，北面的燕与齐、赵接壤。韩、赵、魏更不用说，处于中心地带，四战之地。

第一大国秦国的持续崛起，塑造了战国的基本战略竞争格局：合纵还是连横，后世称为"纵横术"。合纵就是关东六国联盟来制衡秦国，连横就是秦国在六国中打入楔子，拉拢盟友，在地图上前者为纵后者为横。

站在六国的立场上，用现代政治学的视角看过去，合纵就是搞平衡，相对弱的六国联手制衡那个有可能一统天下的最强国；连横就是事大，英文是 bandwagoning，弱国舔强国，以免被其首先吞噬，至于将来怎么样，将来再说。

此事对秦国也丝毫不轻松，站在秦国的立场上，能不能用连横打破合纵，一样攸关生死。秦国再强也无力独抗天下，各个击破又太容易被看穿。怎么办？

秦王忧心国事，夜不能寐，叫来策士张仪。你讲讲怎么打破东方六国对秦的封锁？特别是齐国和楚国，它们在六国中势力最强，彼此关系又最好。要是能打破齐楚核心，封锁就破解了。

张仪说，派我去楚国，我在那边想想办法。

张仪是连横策略的总设计师，他在鬼谷子门下的同学苏秦则是合纵策略的总设计师。战国时代有许多类似的传奇。

张仪拜见楚王，提出一个方案：秦国想要攻打齐国，但怕楚国干预，所以希望楚国跟齐国断绝关系。为此，秦国愿意割地六百里。

秦国想攻打齐国吗？当然想。秦国非得攻打齐国吗？完全不。打哪个国家都行的，最重要的是要离间齐、楚两大国，打破封锁联盟。

楚王大喜，同意，然后对臣下炫耀自己是个交易天才。他认为这事有三大好处：不出一兵一卒就得六百里地，削弱了东方传统大国齐国，还跟新兴大国秦国搞好了关系。得分，得分，得分。完美！

楚国策士陈轸提醒他：大王你只算到了一层，这事可不止一层。秦国之所以要割地给楚国，是因为楚国和齐国联手。如果楚国为了六百里地跟齐国断绝关系，楚国反而会成为被孤立的一方。到那时，秦国为什么还要把地割给被孤立的那一方？进一步说，秦国一旦反悔，大王一定会跟秦国起纠纷。本来我们跟齐国加起来是二比一，因为这宗交易搞不好要变成一比二。最后得来的不是土地，而是灾祸。

楚王不高兴：你不许说话。

楚王马上派出使者去齐国宣布断交，第一批还没回来，急得不行，又派出第二批使者去。然后派人去秦国接收六百里土地，结果张仪不理他。楚王反思到：是不是我做得还不够彻底？就派了一名勇士去齐国，当庭辱骂齐王。齐楚交恶绝对无可挽回了。

张仪这才出现，指给楚国接收土地的官员看：从这里到那里都是我的地，总共六里地，请接收。楚人说：我来接收六百里地，没听说过六里。张仪说：我只有六里地，你们听错了吧。

楚王受骗，大怒，要跟秦开战。策士陈轸又提醒他：这时候千万别跟秦开战。我们已经把齐国得罪惨了，再向秦国兴师问罪，等于亲手把齐、秦推到一起。楚国只剩下一个选择，反正齐楚联盟已经没有了，我们不如忘掉张仪的欺骗，跟秦联手攻齐。从秦国那里没有拿到的东西，到齐国那里取。这样还不算全输。

确实，针对秦国的封锁联盟已破，秦国已经获得了战略胜利，就是赢多赢少的问题。楚国则还有机会用一场战术上的突然转向，来挽回一些损失，至少不会走向完全的灾难。

楚王听不进去，被怒火驱动，举兵伐秦。他遇到的是齐秦联兵，大败。

同样是玩纵横游戏，秦王、楚王、张仪、陈轸，他们本质上都是战国新人类，不被道义所束缚，盟友随时可以背叛出卖，只要价格合适；王者阶层的尊严也可以踩在脚下，只要价格合适，就派人不远千里去当面辱骂；承诺当作放屁，哪怕是对大国之君当面许下的承诺也一样。在纵横家当道的时代要成事，就得有这豺狼属性。

这里面唯一不合格的是楚王。他贪婪狠恶是够的，但冷静的计算不够。

一个合格的豺狼，不仅要不在乎自己的承诺、其他玩家的面子，还得不在乎自己的面子，能压制自己的情绪，基于实力对比的冷静算计来驱动决策。既要没底线，什么都干得出来，又要随时调整方向。

楚王做不到，所以成了最大输家。再过几年，他又一次被张仪所诈，骗到秦国，身死异乡，成为笑柄。

做事这么鲁莽，结局这么惨，这位楚王就是著名的楚怀王。

故事没有结束。接下来齐、楚攻战不休，楚国很吃力，担心秦国也出兵，陈轸去游说秦王。秦王问：我出兵好还是不出兵好？

这时如果你是陈轸，你能怎么说？

你总不能说出兵好，你是来干什么的？但你要是说不出兵好，秦王也是不信的。

陈轸最终这么回答：大王，假设我不是替楚出使而来，就是一介策士，独立地替大王出谋划策。我给大王讲个故事吧：两虎相争，管庄子要出手，其手下拉住他，劝道，您何必现在出手，等两虎自己打到一死一伤之后，再出手不更好吗？

陈轸劝说秦王的话，内涵丰富。

一方面，在秦王听来，陈轸说得很合理，因为真的合理，等齐、楚相互伤害得差不多了，秦再出手，肯定更好。

另一方面，陈轸也达到了楚王的目的，让秦现在不干预齐、楚之战。现在先救火，将来的事只能将来再说，算是个没有办法的办法。

陈轸策略水平极高，可惜服务的是楚国，效忠的是楚怀王，最好的结果也就是这样了。

熟悉战国史的读者会知道，这就是以后六国谋略的缩影。用连横打破合纵封锁之后，秦国立于战略上的不败之地，六国虽然有时也能获得一些战术上的胜利，但绞索在慢慢勒紧。最终，秦王扫六合，虎视何雄哉，终结了纵横家的黄金时代，历史翻开新的一页。

鉴往知来，最后总结力量平衡游戏的几个要点：

第一，国家之间的共识趋于瓦解，各国各念各的经，但是打法趋同，所有人都是机会主义玩家，一切随机应变。

第二，政策的大转弯会显著增加，就像楚、齐、秦三家的组合，但凡楚怀王水平高一点，就随时可以180度转向。大国力量之间的重新排列组合，随时发生且能瞬间完成。

第三，生存重于制霸。不是说不想制霸，而是制霸太难。群狼环伺，哪匹狼往上爬得高了点，其他狼一定会联手把它拉下来。

第四，算计绝不能只算一步，发力往往伤到自己。力量平衡的力学原理，是一层层的作用力和反作用力。

这一讲，我推荐你去读《战国策》。

# 势法术：极简治国策

这一讲，我给你讲《韩非子》。

《韩非子》是一部献给君王的书。

韩非是荀子的学生，从学术传承史上看，法家是儒家的一个分支，却又是对儒家的革命。法家儒家，都要卖给帝王家，但卖的东西又不一样。

儒家强调由己及人，从本心层层外推到修身、齐家、治国、平天下，仿佛只要做好了人，治国就自然而然水到渠成。

法家也从人性出发，只不过法家认为人与人之间哪怕父子至亲之间，也会尔虞我诈，更何况君臣之间。守信、仁慈、忠诚，这些美好品德不是完全不存在，你作为一个普通人，也会希望与之打交道的都是有这些品德的人。但这里却有两个问题：

第一，做人跟治国是两回事，一微观一宏观。

对做人来说可能靠谱的东西，用来治国就不靠谱。仁爱对个人来说是好品质，但治国要是一味仁爱，不仅自己会死得很惨，还会给家国带来灾难。

第二，那些美好品德虽然存在，却不是人群中的最大公约数。

治国之道靠"圣君＋贤臣＋良民"是靠不住的，千年才出一圣君，还不见得能遇到贤臣。靠得住的，是那种庸主也能用好的治国术，一治得住奸臣，二适用于普通道德水平的臣民。

不用往远看，就看印度现代史。走仁爱路线，哪怕拥有甘地的圣人境界，还得遇上的对手是崇尚自由民主的大英帝国。即使这样，甘地人生的最后时刻，印巴分治之初，印度教徒与穆斯林互相残杀，甘地的心情恐怕也是悲凉的，毕生事业在成功之时尽付东流。

圣人在加尔各答绝食，止杀一次，不能止杀一世。他本人最后死于行刺，以身相殉。就这样，甘地还算公认的成功者。为成功要自苦如此，而成功了也不过如此下场。仁爱路线太难走。反过来说，这世界上又有多少残暴君王活得潇洒如意，最后仍然得了善终？

韩非说，不用我这套治国术，圣人也十有八九失败；用我这套治国术，亡国之君也能长享太平。

韩非的治国术确实简单、粗暴、有力。它完全替君王考虑，坦然指出了一条保持和扩大权力的最短路线。它不是反贼指南，而是保皇教科书。

假如你忽然穿越，醒来后发现自己坐在宝座之上，黄袍已加身，阶下黑压压一片人头等你发话。从这一刻开始，你怎么办？

首先袭来的是彻底的孤独。

要一切人都听命于你，就等于你自绝于所有人。所有人都是你的潜在敌人，这处境一般人无法体会。普通人总是被各种真真假假的感情包围着，看问题没法这么透亮。君主站在最高处，就只有一种感受：四处受敌。

韩非说，同床、在旁、父兄、养殃、民萌、流行、威强、四方，是君主被挑战的八条路径。越是深处内部，威胁越大。最大的威胁永远来自内部，最无情的对手就是血亲，这是君王的成长教育：你只有你自己。孤，寡，一人。他们认识得再清楚不过。

《韩非子》里讲了段寓言，唐易鞠善于打鸟，田子方问他最应注意的是什么。唐易鞠说：几百只鸟眼睛盯着你，你只有两只眼睛。田子方说：我也是啊！举国的眼睛盯着我，我却只有两只眼睛。

认识到这一点后，便是极度的恐惧：你只有一个人，怎么能干得过所有人？

这些话击中了秦王嬴政的灵魂深处。快！把韩非给寡人找来！

一部《韩非子》，十余万言，讲到底就是三个字。

势、法、术。

势，指的是权柄操在君主手里。一柄为赏，一柄为罚。人性趋利避害，掌握住赏、罚二柄，以利驱之，以罚止之，就能以一驭多。

"君执柄以处势，故令行禁止。柄者，杀生之制也；势者，胜众之资也。"权柄默认握在君主手里，这就是势，是君主的天然优势。只要把住、用好，庸主也能驱使天下人。但如果失了势，哪怕圣人也不能齐三家，不然你让孔子来调解几宗离婚案试试。

关于势有几个要点：

第一，与其被人爱戴，不如被人畏惧。

马基雅弗利《君主论》（ *Il Principe* ）里有几乎一模一样的论断。这不是谁学了谁，而是跨越近 2000 年时间、8000 多公里距离对人性的共同洞察。如果说《君主论》开启的是西方近代现实主义政治学，那么中国的现实主义政治学确实早熟。

第二，必须垄断权柄。

赏、罚二柄是一体两面，不能分开。你既不能觉得赏太费资源而只罚不赏，也不能因为罚太得罪人就只赏不罚，更不能因为这些顾虑而把其中一柄外包。该得罪的，不要让别人替你得罪，该你出成本的，不要让别人替你出。外包一时爽，迟早火葬场。

第三，赏罚必须无远弗届，不容许有法外之民。

如果有这种人，"赏之誉之不劝，罚之毁之不畏，四者加焉不变，则除之"。这些人正好被孟子歌颂过，所谓"富贵不能淫，贫贱不能移，威武不能屈"的人，你要除掉他们。这些人守道不变，坚持真理。韩非认为非杀不可，因为他们不被赏罚所驱使，无法为君主所用，甚至会使那些被赏罚所驱使的民众产生"坏念头"。韩非不允许逍遥派存在。

势就讲到这里，接下来讲法、术。

法与术，一阳一阴，一显一隐，是一体两面，我一并讲。

"凡术也者，主之所以执也；法也者，官之所以师也。""术者，因任而授官，循名而责实，操杀生之柄，课群臣之能者也，此人主之所执也。法者，宪令著于官府，刑罚必于民心，赏存乎慎法，而罚加乎奸令者也。此臣之所师也。"

简单地说，法是公开的赏罚，术是深藏的权谋。

韩非之法跟今天所讲之"法治"，乃至"法制"，差别都很大。你可以把韩非之法看成君主政策目标的公开宣示，并搭配了一套不可动摇的赏罚标准。

关键不是这些政策目标具体是什么，韩非很少讲到这些，就算讲到也只是些常规内容，比如"耕战为本""逐利为末"等，跟儒家差别不大。韩非强调的是这些政策目标一必须公开透明，二必须严格执行——做什么有赏，做什么有罚，绝无歧义；实现了绝对有赏，做不到绝对有罚。

行法，就是没有废话可讲。商鞅城门立木，重赏搬运工，你说把木头从这里搬到那里本身有多大价值呢？其价值就在于它发出极度强烈的信号：要来真的。

"立可为之赏，设可避之罚。"什么是"可为"，什么是"可避"，都要清清楚楚，公开明白。

人太复杂、难知、多变，"其心难知，喜怒难中"。所以君王在洞察人是怎么回事之后，就不再去做识人这件费力不讨好的事情，而是转入外部视角——"以表示目，以鼓语耳，以法教心"。不管每个人自己看到的、听到的、想到的是什么，君主都会用稳定的、公开的、清楚可识别的信号驱动他们。

这一套打法试图杜绝任何意外和借口，以求建立政策的超稳定预期。它当然会走向极度反人性。

韩非主动拥抱这个后果，"圣人为法国者，必逆于世"。如何逆呢？他举了个理想案例：

秦王生病，百姓在家里向上天祷告，祝大王早日康复。

有人向秦王贺喜说：您得到百姓爱戴，功德超过尧舜了。秦王一听，下令责罚。秦王解释道：百姓爱我不是好事。百姓爱我，我爱百姓，彼此相爱就会乱了法，所以我必须惩罚爱，哪怕是对我的爱。

在韩非的价值体系里，法必须走到这样决绝、不近人情的极点，不是个人偏好，而是逻辑结果。只要稍微偏离一点点，展示出一点点人性，那么君王就不安全了。全国上下的眼睛都在盯着你，你有休息、打盹的时候，盯着你的人却没有。你表露出的一切个人好恶都会变成破绽，只要暴露出一点好恶，就会被人所乘。君王的最佳选择就是什么人性也不露，最好连人性都没有。

法莫若显，但术莫若隐。法是公开的政策宣示，而术是秘不示人的私下打法。这句话的本质不在于什么政策，也不在于什么打法，而是对法与术的形容。法的关键是公开，术的关键是秘不示人。秘不示人本身就是术。

"人主之道，静退以为宝。不自操事而知拙与巧，不自计虑而知福与咎。是以不言而善应，不约而善增。言已应，则执其契；事已增，则操其符。符契之所合，赏罚之所生也。故群臣陈其言，君以其言授其事，事以责其功。功当其事，事当其言，则赏；功不当其事，事不当其言，则诛。"

秘不示人的关键就是自己不表态。不说话，不做事，不提出主张，静静地听别人讲，不是只听一方讲，要兼听。谁也不能白讲，讲完就得做，做完要算账，说多少就得做到多少，不达标要罚，超标也要罚，因为最重要的是名实相符。于是你便无所不知，无所不能，帝业已成。

还有些具体的配套打法，比如"众端参观"就是兼听；比如"疑诏诡使"就是让下属疑神疑鬼，以为你会随时随地派人盯着他，其实你哪里有那么多人手；比如"挟知而问"就是揣着明白装糊涂；比如"倒言反事"就是故意说反话诈出对方实话；等等。

这些都是操作中的具体事宜，关键还是"秘不示人"四个字，去智，去贤，去勇，把这些凡人的品质去掉，最终达到庄子说的至强境界——呆若木鸡。

用现代博弈论的思维来看韩非的法、术，可以说韩非认为法是协调游戏，术是零和游戏。

治国毕竟要做蛋糕，协调凝聚整个系统的智慧和力量，把目标实现，所以得有法来承担协调功能；驭人则是分蛋糕，人与人之间完全是利害关系，而且是"你所得是我所失"的零和游戏。

韩非说："君臣之交，计也。……君臣也者，以计合者也。"君臣之间纯粹是彼此算计。博弈论严格证明了零和游戏中的均衡打法就是随机性，让对手无法预测你的下一步。

在 2000 多年前，韩非已经洞察了这一切。君王治国，既要协调系统、实现目标，也要与所有人斗争，保有权位。韩非把协调游戏和零和游戏从君王治国术中分别提取出来，各自推到极处，又冰火同炉。

这套极简治国术，最后看来倒也并不太简单。

# 从希特勒上台说开去

上一讲谈怎么保持权力，这一讲谈怎么获得权力。

美国前总统尼克松曾经让大学者丹尼尔·莫伊尼汉（Daniel Moynihan）推荐政治传记，莫伊尼汉首选的就是这一讲我要介绍给你的这本书——《大独裁者希特勒：暴政研究》（*Hitler: A Study in Tyranny*），一本关于希特勒的经典研究。它关注作为权谋家的希特勒是如何起于草根，挑动并利用社会的极度分裂，升到顶层，然后锤炼出恐怖的国家机器的。

我一节一节讲。

第一节，慢进。

1923 年，"啤酒馆暴动"失败，退役下士希特勒得到深刻教训：不要跟军队对着干。国防军是魏玛共和国（Weimar Republic）政治的终极力量。

他决定转而通过选举来合法上台。民主必须用民主自己的武器来击败。先掌握政权，再发动革命，让国家权力成为革命的盟友，而不是敌人。最好是掌权者把权力让渡给他，而不是逼他去夺取。

当然，希特勒从未完全放弃用暴力夺取政权的另一手准备，冲锋队、党卫军始终是纳粹党的另一大支柱。两手准备总比一手好：有暴力威慑这张牌，现体制才有动力来拉拢他。

魏玛共和国的政治基础是中间派的联盟，同时受到来自左、右两翼的攻击，好在这左右两边不可能结盟，所以中间派的联盟还能维持住。直到大萧条到来，共和国经济崩溃，社会极端化，中间派不得不向左或向右寻找出路。

大体而言，左翼力量有组织但没有硬实力，右翼力量有硬实力但组织不足，中间力量组织和实力都不足，但一直以来有选票。希特勒站在极右一侧，本来很小众。大萧条给希特勒带来了机会，他主动靠拢并接纳从中间往右走的选民，拓展票仓，促使纳粹党从小众的极端政党变成了举足轻重的大党。

首先是讨好农业利益集团，包括农场主和农民。这不难，因为二者利益一致，都强调食品安全，都要求补贴本国农业，都仇外。

然后是决定对资本家的策略。纳粹党的全称可是"民族社会主义德意志工人党"，政治纲领是反资本家的。资本家和工人的利益是冲突的。资本家掌控着资金、媒体，而工人有选票，如何兼得？

希特勒决定靠拢资本家，他为此不惜与纳粹党左翼领袖决裂，后者支持罢工，主张经济国有化。希特勒说：不用担心失去工人，工人只关心面包；现在资本家对我们更有用。说到底，驾驭工人也好，驾驭资本家也好，关键都得有强大的政权。

这就是希特勒在资本家与工人之间的取舍：他两头都不取，也两头都不舍。有用时就用，用后即弃。一切都是工具。

再然后是接收右翼支持者。传统右翼是资本家、容克地主、军队将领统治的贵族党。他们敌视魏玛共和国，仇恨左翼，但提不出向前走的政治纲领，只想回到不可能回得去的第一次世界大战之前的那种体制。可除了他们自己，没人想回到过去。

希特勒不同，在极端主义上升之时，他给那些受大萧条冲击的中产阶级和下层民众提供了一种中下层自己的极端主义：反魏玛、排犹、反对大资本、反共、反《凡尔赛和约》、反战争赔偿，高扬民族主义和泛日耳曼主义——无意回归过去，完全面向未来。他向资本家许诺反共和保护财产，向军队许诺扩军，向右翼许诺打倒魏玛共和国，向底层许诺会推倒重来。总出路是让德国重新强大——群体觉醒，凝聚意志，站起来。

第二节，宫廷政治。

1932 年，魏玛共和国举行了最后一场总统选举，之后的形势是这样的：中间派被时势击垮，右派想回到过去，向前看的只有极左翼和希特勒。

极左翼在动员和组织能力上是唯一能与纳粹党抗衡的敌手，但受意识形态的约束，他们动员和组织的对象只有工人，而且还忙于与其他左派斗。希特勒则不然，他无拘无束，目标明确，身段灵活。他发动的对象是所有不满现状的阶层，什么都可以用，什么都可以用后即弃，还多了极端民族主义这个最强动员工具。

对希特勒，右翼的态度一开始是鄙视，然后是想利用他。魏玛政府末期先后执政的两位右翼总理，都想给纳粹党这匹野马套上右翼的笼头，打造右翼与希特勒的联盟，将希特勒拉进体制内。

这两位总理，一个没做成，因为他不肯给出希特勒开的价，希特勒要当总理，其余免谈。一个以为自己成功了，他给了希特勒总理职位，同时设下重重禁制，诸如内阁中几位部长由右翼委派，见总统兴登堡时谁必须在场，等等。他以为希特勒在禁制之下只能乖乖当他们的傀儡。

两人的策略没有什么本质区别，唯一的区别是其中一人开价更高，从而犯下最后一个错误：他低估了希特勒，以为体制内部的约束能约束住那股反体制的力量。

希特勒早已下决心，不用革命获得政权，而是获得政权后再开始革命。在他合法地获得政权之后，接下来就是滥用权力以获得绝对权力。那些禁制要么直接被无视，要么很快便失去现实意义。进入宫廷中心之后，宫廷政治不再能约束希特勒了。

第三节，快进。

1933 年 1 月，希特勒上台。

一个多月后，"国会纵火案"发生。希特勒从总统兴登堡那里获得紧急状态的授权，暂停实施《魏玛宪法》。然后在紧急状态期间举行大选。全力发动已在手中的政治资源，宣传、动员、资金都不再是问题，直接将纳粹党的冲锋队变成协警，用暴力打击对手。

这次希特勒获得了约 43% 的选票，纳粹党成为第一大党，虽然没有达成希特勒 2/3 多数的目标来废除宪法，但那又怎么样？希特勒还有另一条路：一边在街上抓反对派；一边让国会通过授权法案，直接把国家权力让渡给希特勒。国会之中，只有左翼反对，从中间往右的所有政党全部赞成，压倒性的多数授予了希特勒绝对的权力。

右翼总统兴登堡意外地成为魏玛共和国最后的支柱。他手握最后的权力，也拥有绝对力量军队的忠诚。但是，他太老太累，也不认同魏玛体制。在人生的最后阶段，他在职业政客的操弄中不停地转向。他希望保有军队的完整、职业化和崇高地位，他希望军队免于参与内战的命运，他希望政治家能领导一个在议会中占据多数的政府。没有一个愿望实现。在临终之际，兴登堡只剩下第一个希望，那就是保有军队的地位。

希特勒与军队的交易主要是两条承诺：重新武装德国；绝不将军队拖入内战。上台以后，纳粹党席卷德国，打碎并重塑德国一切制度，但跟一切底层革命一样，这种席卷一切的洪流总要有停下来的时候。什么时候停下来？在什么东西面前停下来？

冲锋队是希特勒的一条狗，也是纳粹党中最令人讨厌也最难以约束的势力，其使命是担当一场最好不要发生的暴力政变的先锋队，成为一个最好不要实现的威胁：要闹事，但不要跟军队正面冲突。

但这是希特勒的目标，不是冲锋队的目标。冲锋队领导人的终极目标是以300万人的冲锋队吞并军队，自己成为德国全部军事力量的领导人。

军队绝不容忍。兴登堡警告希特勒：要么你搞定冲锋队，要么我解散政府，军人专政。

还有一个关键问题，兴登堡快死了，谁会接过他的权杖成为德国总统和军队最高领袖？希特勒自己要成为这个人，但这需要兴登堡和军队认可才行。

进，要在兴登堡死后掌控军队，退，要避免军队在绝望之下接管政权。经过一个月的内心交战，希特勒选择发动"长刀之夜"。一夜之间，冲锋队领导层在德国各地被一网打尽，立即处死，一共死了千余人。

与冲锋队领导层一起被干掉的，还有曾经跟希特勒意见相左的纳粹党左翼领导人。既是算旧账，也是向军队和右翼进一步示好。

军队将领志得意满，再一次证明自己是权力背后的权力，又不必走上前台脏了手。他们太过短视，跟所有人一样太过低估希特勒。纳粹的泥石流迟早会席卷军队，无非是在希特勒认为合适的时间罢了。下一次他用的是党卫军，一个比冲锋队更忠诚更致命也更好用的工具。

几个月后，兴登堡死了。总统与总理两个职务合并，集于希特勒一身，另一个新头衔是德国"武装力量总司令"。此时，除了纳粹党以外的所有政党，包括右翼党派在内，均已"自行"解散。引虎入阁，被虎所噬，等到大家明白以后，已经太晚了。

最后讲些感想。

第一个感想：领导比所有人都更早且更透彻地理解一件

事。

这件事就是：所有人，要么是敌人，要么是你的同路人。敌人不必说，同路人走着走着，你总要跟他们分道扬镳。与你一起走到最后的，只有你自己。

第一段路，一起走的是盟友。

第二段路，一起走的是亲信。

第三段路，一起走的是接班人。

第四段路，自己走。

分道时，如果是刻薄寡恩的领导，会把上一段的同路人当叛徒消灭；如果是宽仁自信的领导，会杯酒释兵权。不管是刻薄寡恩还是宽容自信，领导的下一段路不会带上他们，哪怕他们还想跟着走。

第二个感想，希特勒使用了古典的马基雅弗利打法：

1. 总要有多个选择，始终左右权衡、犹豫不决；

2. 让局势选择方向；

3. 做出决定则坚持到底，斩草除根；

4. 决定性地采取单方面行动，改变整个游戏的结构；

5. 一次打一个目标，其余目标先稳住，甘言、贿赂、威胁、哄骗，无所不为；

6. 了解对手尤其是对手的内部分歧，分歧能拖慢他们的反应速度，钝化他们的行动决心；

7.暴力与表面的合法性都极为重要：暴力为本，但能不用最好不用，表面的合法性给对手以说服自己不对抗的理由；

8.反正要撕毁的协议，不妨大方点。

# 新媒体政治的十大关系

这一讲，我们讲碎片化时代的政治动力学。

先强调下所谓政治，如同我在上一本书《多维思考》里所说，指的是广义政治，就是一切要用实力对比，而不是只要对照规则就能解决问题的游戏。也就是说，处处皆政治。传统上的政治精要就是要实现以多打少，朋友要多多的，敌人要少少的，即所谓"统战"，但碎片化时代的打法有了新面相。

社交媒体兴起，使真实权力发生从来没有过的重新分布。过去，有些地方一人一票，有些地方不是一人一票，但不论在哪里，之前使用的是什么模式，现在的游戏都在重新洗牌。社交媒体上总是一人一个声音。

如果说普选制政治终结了传统意义上的君权神授型精英，使代议制精英崛起，那么社交媒体时代便使得代议制精英极为不适。社交媒体扫除中介，正在造就直通车型精英——

无论有没有选举，声音就是权力。它带来一个副产品，权力表现得进一步粗鄙化。

所有权力说到底都有粗鄙的一面，但从前总要把粗鄙藏起来。现在则不然，直通车型的精英一个比一个粗鄙，一个比一个自豪地将粗鄙展示给所有人看。权力来源的分布变了，来源越直接越分散，它就表现得越粗鄙。

在一人一个声音的粗鄙新世界里，直接收集、凝聚权力，你得熟悉新世界的地形图。

我们先来看大盘：

第一，声音极为分散。

发声的成本与发声的人数成反比。社交媒体使得发声成本变得如此之低，于是，有能力发声的人变得空前地多。

政治史就是一部发声人群逐步扩大的历史。古代时，只有贵族能发声，后来有产者也能发声，拥有专业技能的人士也能发声，再后来，妇女也能发声，最后所有成年人理论上都能发声，实际上是通过一层层的代表替他们发声。

今天通过社交互联网，每个有手机和社交媒体账号的人都能直接发声，发声群体空前扩张，不再需要代表作为中介。每个人都在抢话，抢着说别人没说过的话，如果别人都说过了，那么就抢着把它说得更坚决。于是，在任何重要议题上，都创造了完整且强烈的意见光谱，从最左到最右都有。在任何问题上都无法形成共识，因为没有谁有能力整合整个舆论场。

第二，事实既重要，又不绝对重要。

事实当然是重要的，因为社会总的来说还愿意相信事实是一切的基础，偏离事实太远太久，空中楼阁总要垮塌的。

但事实又不总是绝对重要的，因为事实从来不绝对，公认为事实的东西，总是以社会共识为前提。如果社会在一切问题上都不存在共识，也不存在寻求共识的默契，那么事实也就不存在了。

任何一件事，只要有人愿意，就能把水搅浑，而社会这么大，总有人愿意搅这浑水。社交媒体上所有重要的问题，都是今天一个定论，明天一个反转，后天再反转回来。没有锚以后，社会表面上是一个社会，其实是并排的无数回音壁，人们各在各的回音壁里，听各自的回音。"此亦一是非，彼亦一是非。"

第三，极端永存。

极端永存，因为无论多极端的声音，在社交媒体的无尽散沙化的空间里，都能找到属于自己的那个回音壁。你从朋友那里所学到的，其实是从朋友那里辗转回来的你自己的看法。

有个故事说，有人嫌天堂太挤，于是宣传说地狱发现了石油，大家都往地狱跑，这个人也跟着跑，一问他为什么，回答道：大家都信，搞不好是真的呢？

这就是传说中的向朋友学习最终变成被回音壁支配。空间那么大，人那么多，无论多小的线索，都能凭空聚合出足够丰沃的土壤，自我供养。传统社会中，边缘声音会枯萎死掉；社交媒体时代，边缘声音永葆健康。无他，同声相应、同气相求的成本不同。

第四，一切皆站队。

社交媒体是直接媒体，扫荡中介。一方面让你与其他人直接相对，另一方面因为直接相对，所有互动方式聚拢成一种，就是投票。

投票表面上是投给别人，实际上是投给自己，动员与自我动员熔为一炉。明星崇拜叫作"饭圈"，不同的"饭圈"之间必须要 battle（对战）。销售不叫销售叫"带货"，买卖成为依附于"网红"与"粉丝"之间情感互动的附带行为。

基于真实或表演出来的情感，用动员体制聚拢商业、文化、社交中的林林总总，借此将一切都抹上一层或深或浅的政治色彩。不要说你不讲政治，站队就是政治。哪个"饭圈"不站队？

明白了形势，那你应该有什么样的打法呢？

第一，稳住基本盘，远比争取对立面重要。

社交媒体时代，政治动力学的关键是寻找同路人，而不是争取敌人。能把敌人争取过来固然好，但这事太难，成本太高。转化一个敌人，远远没有寻找一个朋友的成本低。在社交媒体空间里，找到朋友多有利，转化敌人就有多不利。更何况，就算能转化一个敌人，很可能同时会创造出新的敌人。

社交媒体空间的极度碎片化，使得你哪怕只是轻轻调整下站姿，就会要么偏左边要么偏右边，碰到另一群已经设定好站姿的人们。得一人，失两人，不符合社交媒体时代的动力学。明星不能改人设，也是这个原因。

所以，社交媒体时代，最重要的是创建并稳住基本盘，有基本盘的玩家不会被真正打倒。

第二，别想着团结大多数，团结大多数的结果，就是谁也团结不了。

团结大多数，今天的名字叫作投机。若这么做，四面八方左中右的批评会呼啸而至。你无力反驳，因为你去团结大多数的所作所为，看起来像投机，听起来像投机，闻起来也像投机，你就是在投机。

在不同意见多如牛毛，且每个意见都在强力搏出位的时代，做坏事都可能有人给你说话，唯独投机绝对没人为你说话。

第三，人设宁"鲁棒"（robust），勿完美。

"鲁棒"的意思就是反脆弱，经得起打击。没人经得起全方位"人肉"。但只要你想出头，则一定有全方位、无差别的"人肉"攻击在前方等着你，全民皆侦探，翻你的历史旧账，追溯还没有时效。

面对这座炼狱，你赢是赢不了的，躲是躲不开的，关键是要抗得住。抗打击是第一位的，并且只要你不倒下，肯定会有一天轮到你赢，因为同样的炼狱在等着你的每一个敌人。

再具体讲讲什么是"鲁棒"：一技有特长，浑身是破绽，就是"鲁棒"。你把人设定为"白莲花"，那就一点不"鲁棒"，一粒微尘都能打垮你，因为你不能有瑕疵。你的人设要是定成"我撒谎，我贪财，我好色，但我就是要让美国重新强大起来"，那就没什么能击倒你，还有可能遇到那些把你抬上铁王座的人民。

第四，绝不能认错。

抗得住的第一大要素就是绝不认错，哪怕明明白白是你错。

不认错就总还有得救，总有一天能等到剧情反转。哪怕做错被抓到现行，那也不是世界末日。就算压力好似泰山压顶，你也要坚信它退潮只需要 7 秒钟。因为它退潮的确只需 7 秒钟，人们的记忆力就只有 7 秒钟。忍忍就过去了。

但如果你自己认错，那就绝对没得救。认错不是你自己的事，你不是一个人。"铁粉"表面上支持你，实际上是支持他自己制造的那个你，你认错就是背叛"铁粉"。你背叛他们，他们就抛弃你。没有"铁粉"，你什么都不是。

第五，发声权要完整地、牢牢地掌握在自己手上。

如果你被断章取义、歪曲本意之后再去纠正，晚了，印象已经刻板化，群众已经翻篇。他们已经放下，只有你自己无法放下，但又能向谁去诉说？谁耐烦听呢？所以，自己想说的话要在自己的社交账号上说，不要让中间商赚差价。

说的时候想说什么就说个痛快，但要注意，一次只说一个点，群众情绪和注意力的最大公约数只能消化一个点，你别说"一方面……另一方面……"，自己找平衡点远远没有让"铁粉"清爽来得重要。

美国前总统杜鲁门说过，经济学家老是说 on the one hand（一方面），on the other hand（另一方面），烦！给我找个一只手（hand）的经济学家来！杜鲁门是个老油条，他不是为自己提要求，他是为群众代言。

最后，享受混乱，享受当下。

享受当下和享受混乱本来是两件事，但现在是一回事。高度碎片化，极端永存，无意也无法寻求妥协和共识，在这种生态中，团结是不可能的，永远都不可能团结。权力的碎片化与声音的碎片化，相伴而来。

以美国为例，人民无法再期待执政者推行政策，也因此执政者根本就不再去寻求社会的广泛支持，而是机会主义地执政。这批评对其反对者同样成立，反对同样也是出自机会主义。执政者发生交替之时，预测新来者政策的最好指针，就是他会颠覆刚下台那位的政策。

如果说特朗普有什么政策逻辑，那就是反奥巴马；同样，拜登的逻辑，就是反特朗普。假如美国人选出的下一个总统来自共和党，那预测他会推行什么政策很简单，就是反拜登之道而行之。熔断复熔断，来回翻烧饼。这最终推出一个悖论：所有人都想上台，但上台的那位不大可能有好下场。

这纷乱不可能持续太长时间，它内耗太多，在任何事情上都没有实质进展，业绩表现太差。反对太容易出现的结果就是什么都做不成。它会寻找一条出路，英明领袖响应时代召唤而生，一剑斩断难题。不是政客总算变英明了，而是社会终于烦透了。从碎片化到大一统，这条路，历史上走过很多次，伴着血与火，剑与盾。看似解决不了的烦恼，拿破仑一炮就轰掉了。